Getriebe
und
Getriebemodelle

Getriebemodellschau

des

AWF und VDMA

1928

Springer-Verlag Berlin Heidelberg GmbH

ISBN 978-3-662-01827-9   ISBN 978-3-662-02122-4 (eBook)
DOI 10.1007/978-3-662-02122-4

Vorwort.

Trotz der großen Bedeutung der Getriebe für den einwandfreien Arbeitsablauf von Maschinen, Vorrichtungen usw. für alle Industriezweige ist gerade die Wissenschaft der Getriebe, die Kinematik, in den letzten Jahren in unseren technischen Lehranstalten in den Hintergrund getreten. Der unterzeichnete Ausschuß hat deshalb eine besondere Arbeitsgruppe für Getriebedarstellungen ins Leben gerufen, welche die Aufgabe hat, der Getriebelehre eine ihrer Wichtigkeit für die Praxis entsprechende Stellung im Lehrplan der Schulen zu verschaffen, vor allen Dingen aber auch der Praxis brauchbare Unterlagen zu liefern, die in den Betrieben unmittelbar verwendet werden können.

Nach Fertigstellung einer Reihe von Getriebeblättern, d. h. von praktischen Unterlagen für die Konstruktion von Getrieben, ist der erste Schritt in die größere Oeffentlichkeit dadurch unternommen worden, daß der AWF gemeinsam mit dem VDMA auf der Leipziger Technischen Messe, Frühjahr 1928, eine Getriebemodellschau veranstaltet hat. Zweck der Ausstellung war, einen Ueberblick über die vorhandenen Getriebe zu geben, um dadurch ihre Verwendbarkeit und ihren Wert aufzuzeigen. Aus diesem Grunde sind vorwiegend Schulmodelle verwendet worden, an denen die Wirkungsweise in der Bewegung am besten studiert werden konnte. Die Industrie hatte durch Ueberlassung von im Maschinen- und Apparatebau bereits angewendeten Getrieben die Möglichkeit gegeben, die Verwendung der im Modell veranschaulichten Getriebe auch in der praktischen Ausführung zu zeigen.

Der Erfolg der Schau übertraf alle Erwartungen. Auf allgemeinen Wunsch und mit Rücksicht darauf, daß eine übersichtliche Zusammenstellung, ähnlich der Getriebemodellschau, in der Literatur bisher nicht vorhanden ist, hat sich der AWF entschlossen, das vorliegende Buch herauszugeben. Dadurch soll der auf der Getriebemodellschau gebotene Ueberblick dauernden Wert erhalten.

Ebenso wie die Schau selbst, kann das Buch nur einen Ausschnitt aus der großen Zahl der bekannten Getriebe geben; wobei unter bekannten Getrieben nicht nur allgemein bekannte Getriebe zu verstehen sind, sondern auch solche, die nur ein bestimmter kleiner Fachkreis kennt.

Da die auf der Getriebemodellschau zur Ansicht ausgelegten Getriebeblätter des AWF und des VDMA allgemeine Anerkennung fanden, sind am Ende des Buches einige Angaben über diese Blätter enthalten. Sie bilden eine ausführliche Ergänzung zu dem vorliegenden Buch, so daß bei den betreffenden Bildern jeweils auf das entsprechende Getriebeblatt hingewiesen wurde, soweit es zur Zeit des Erscheinens des Buches vorlag oder zum mindesten im Entwurf fertiggestellt war.

An dem Zustandekommen der Ausstellung waren mehrere Lehranstalten und viele Industriefirmen durch Hergabe von Modellen und Getrieben beteiligt; sie sind bei jeder Abbildung genannt, vor allem auch um es dem Leser zu ermöglichen, unmittelbar Auskunft einholen zu können. Außer diesen Stellen hat auch die Berlin-Anhaltische Maschinenbau A.-G., Dessau, und die Treibriemenfabrik A. Born, Berlin SO 36, zum guten Gelingen beitgetragen. Im übrigen befindet sich bei jedem Bild die Bezeichnung des dargestellten Getriebes und eine kurze Erläuterung über den Zweck, der damit erreicht werden soll. Der Vollständigkeit halber ist auch bei jedem Getriebe die Modellnummer angegeben, mit der es auf der Ausstellung bezeichnet war, weil durch wiederholte Anfrage die Beobachtung gemacht wurde, daß die Besucher vielfach nur die Modellnummer notiert haben, um später darauf zurückzukommen.

Zu besonderem Dank ist der AWF Herrn Dipl.-Ing. Th. Brandt, Berlin, verpflichtet für die trotz der großen Schwierigkeiten durchgeführte photographische Aufnahme der ausgestellten Getriebe.

Berlin, Juni 1928.

Ausschuß für wirtschaftliche Fertigung.

Inhaltsverzeichnis.

Einleitung.

Alle Maschinen und Apparate, alle Bearbeitungsmaschinen, Sondermaschinen usw. zur Verarbeitung der verschiedenen Werkstoffe haben die Aufgabe, bestimmte Bewegungen, meist auch gleichzeitig noch mit bestimmten Geschwindigkeiten auszuführen. Alle Bauteile an Betriebsmitteln, welche diesen Zweck erfüllen, nennt man „Getriebe". In diesem Sinne ist offenbar jeder Mechanismus für eine Bewegungsübertragung als Getriebe anzusprechen, gleichgültig, ob sie mechanisch (durch Räder, Hebel, Kurven usw.), hydraulisch (durch Preßwasser oder Preßluft u. dergl.) oder durch Zugorgane (Riemen, Seile, Ketten usw.) erfolgt. Genaue Kenntnis der Bewegungsvorgänge, der Geschwindigkeiten, Beschleunigungen, Kraftübertragung usw. ist für die einwandfreie Konstruktion und für die störungslose Arbeit einer Maschine oder Vorrichtung von größter Bedeutung. Die Wissenschaft von den Getrieben und ihren Bewegungsgesetzen wird als **Getriebelehre** oder **Kinematik** im weitesten Sinne angesprochen. Da letzten Endes die Menge und Güte des Erzeugnisses von der Geschwindigkeit und Genauigkeit abhängt, mit der die kinematische Aufgabe von der betreffenden Betriebseinrichtung (Maschine, Apparat oder Vorrichtung) gelöst wird, ist die Bedeutung der Getriebelehre für die gesamte Industrie ohne weiteres einleuchtend. Ganz besonders tritt dies aber dann hervor, wenn die Leistung durch Erhöhung der Arbeitsgeschwindigkeit gesteigert werden soll, wobei sich oft Geschwindigkeitsgrenzen ergeben, über die hinaus Stöße oder andere Störungen auftreten. Auch für das Auffinden von Getrieben zur Bewältigung von bisher noch nicht einwandfrei gelösten Aufgaben ist gründliche Kenntnis der vorhandenen Getriebe Voraussetzung.

Die durch die Kinematik gebotene Uebersicht ermöglicht es, für den vorliegenden Zweck den am geeignetsten erscheinenden Uebertragungsmechanismus herauszusuchen und zweckmäßig anzuwenden; sie bietet somit Vorteile bei der Konstruktion, bei der Herstellung und bei der Verwendung der betreffenden Maschine.

Der **Konstrukteur,** ganz gleichgültig, ob er Maschinen für den Verkauf an die Kundschaft oder solche für eigene Betriebszwecke entwirft, vermeidet dadurch langwieriges Probieren und wird von zeitraubendem Suchen nach etwa vorhandener Literatur entlastet. Er ist in der Lage, dasjenige Getriebe auszuwählen, das sich voraussichtlich am billigsten herstellen läßt und vermeidet schließlich unter gleichzeitiger Abwägung der besonderen Bedürfnisse des Einzelfalles Fehlkonstruktionen, mitunter auch Maschinenschäden.

Die **Werkstatt** wird durch genaue Kenntnis der Getriebe in die Lage versetzt, wirksam an der Verbesserung ihrer Betriebsmittel mitzuarbeiten. Sie erzielt schnelleres Einstellen und Einrichten der Maschinen und vermeidet zwecklose Probeausführungen.

Das **Patentbüro** kann Anmeldungen mit Rücksicht auf etwa bekannte Getriebe zweckmäßiger abfassen und kann andererseits für wirklich neue Getriebe oder neuartige Aneinanderreihung von Getrieben mit Hilfe der Getriebelehre vollständigen Schutz der Erfindung erreichen.

Der **Käufer** von Maschinen und Apparaten kann die Leistungsfähigkeit der verschiedenen Maschinen vergleichen; bei ihrer Verwendung kann er dadurch Platz, Kraft und Instandhaltungskosten sparen und sich besser vor Betriebsstörungen schützen.

Die Gesamtindustrie hat also von dem gebotenen Ueberblick den Vorteil, die Selbstkosten zu vermindern und gleichzeitig die Güte des Erzeugnisses zu steigern.

Getriebe und Getriebemodelle.

Kurbeltriebe.

Kurbeltriebe sind solche Getriebe, deren Glieder nur durch Drehgelenke oder Schieberführungen verbunden sind. Sie sind also mit einfachen Mitteln herstellbar. Man unterteilt die Kurbeltriebe in Gelenkvierecktriebe (4 Drehgelenke), Schubkurbeltriebe (3 Drehgelenke, 1 Schieberführung) und Kreuzschleifentriebe (2 Drehgelenke, 2 Schieberführungen).

Agfa=Platte   phot. Th. Brandt

Modell E 7

Bogenschubkurbel.

Kurbeltrieb zur Umwandlung von fortlaufender Drehung in schwingende Drehung. Näheres siehe Getriebeblatt AWF 602 „Bogenschubkurbel", AWF 603 „Geschwindigkeiten und Beschleunigungen an der Bogenschubkurbel" und AWF 604 „Konstruktion von Bogenschubkurbeln".

Institut für technische Physik, Berlin (Prof. Dr.-Ing. Skutsch)

Bild 1

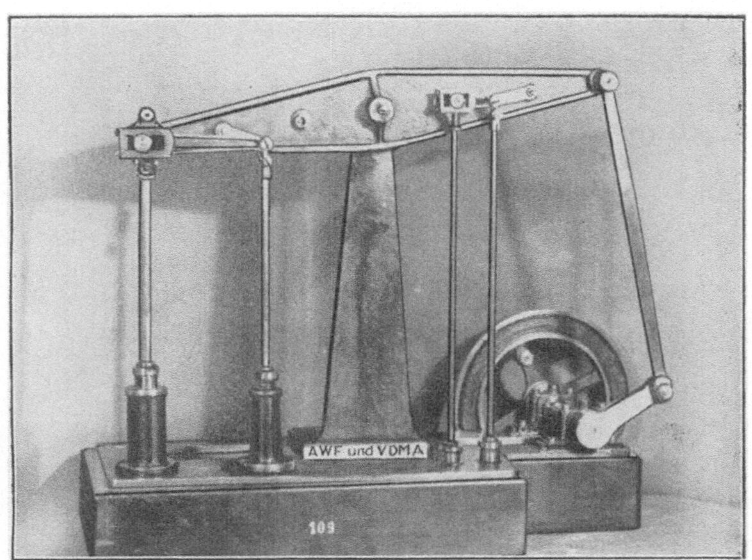

Agfa=Platte   phot. Th. Brandt

Modell K 109

Balancier-Dampfmaschine.

Bogenschubkurbel für Schwungradantrieb. Die Verbindung mit den geradlinig bewegten Teilen (Dampf- und
Pumpenkolben) wird durch Ellipsenlenker hergestellt.

Technische Hochschule Karlsruhe

Bild 2

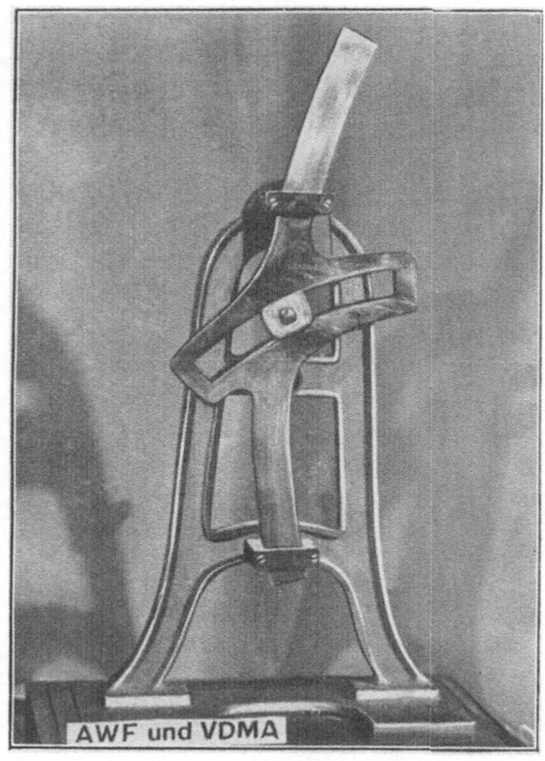

Agfa=Platte   phot. Th. Brandt

Modell R 1118

Schiefe Bogenkurbelschleife.

Kurbeltrieb zur Umwandlung einer Drehung in Hin- und Hergang auf gekrümmter Bahn; entstanden aus der Bogenschubkurbel durch doppelte Zapfenerweiterung.

Reuleaux-Sammlung, Technische Hochschule Berlin

Bild 3

Agfa=Platte   phot. Th. Brandt

Modell R 1109

Doppelkurbel.

Kniekupplung zur Verbindung paralleler Wellen.

Reuleaux-Sammlung, Technische Hochschule Berlin

Bild 4

Agfa=Platte   phot. Th. Brandt

Modell K 22

Kurbelknie.

Kurbelknie zur Umwandlung einer gleichförmigen Drehung
in eine Drehung mit periodisch schwankender Geschwindigkeit. Die mit der Radachse verbundene Kulisse dient
lediglich zur Einstellung verschiedener Kurbellängen.

Technische Hochschule Karlsruhe

Bild 5

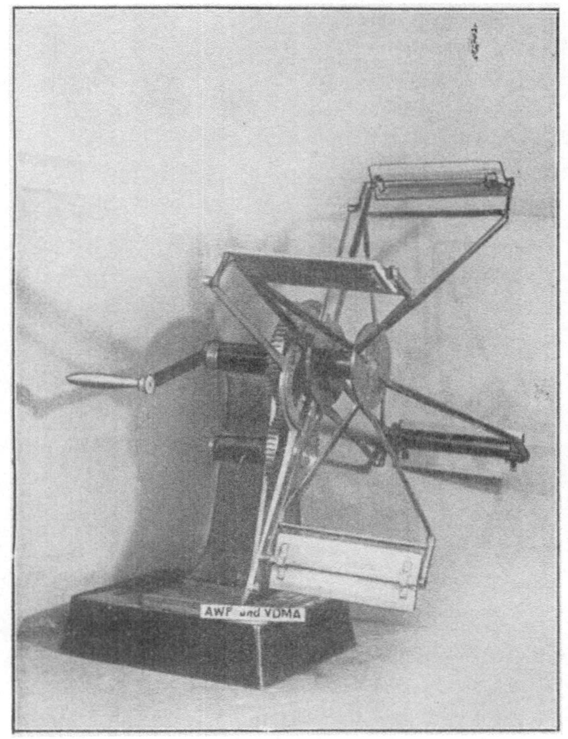

Agfa=Platte   phot. Th. Brandt

Modell K 104

Schaufelradantrieb nach Oldham.

Anwendung der Doppelkurbel mit rückkehrendem Räderwerk zur Lagenführung der Schaufeln derart, daß sie
im richtigen Winkel in das Wasser tauchen und aus
dem Wasser heraustreten.

Technische Hochschule Karlsruhe

Bild 6

Agfa=Platte   phot. Th. Brandt

Modell G 31

Doppelschwinge.

Demonstrationsmodell mit körperlich ausgebildeten Pol-
bahnen und aufgezeichneten Koppelkurven. Näheres siehe
Getriebeblatt AWF 602 „Bogenschubkurbel".

Höhere Maschinenbauschule Leipzig

Bild 7

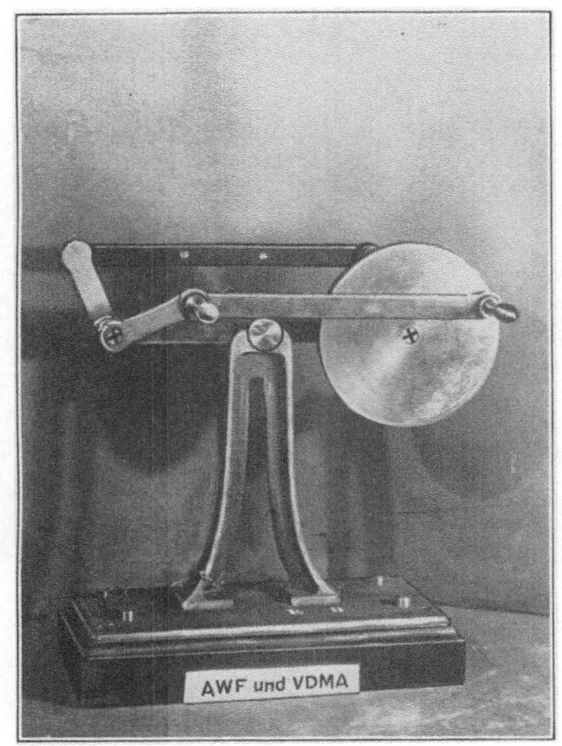

Agfa=Platte   phot. Th. Brandt

Modell E 9

Parallelkurbeltrieb.

Kurbeltrieb zur Verbindung von parallelen Wellen mit
gleicher Drehgeschwindigkeit und gleichem Drehsinn.
Näheres siehe Getriebeblatt AWF 609 „Parallelkurbeltriebe". Zur Ueberwindung der Totlagen sind zwei
gleiche um 90 ⁰ versetzte Getriebe miteinander verbunden.

Institut für technische Physik, Berlin (Prof. Dr.-Ing. Skutsch)

Bild 8

Agfa=Platte

phot. Th. Brandt

Modell J 6

Schleif- und Schneidgetriebe an Zigaretten-maschinen.

Anwendung des Parallelkurbeltriebes zur gleichförmigen Uebertragung der Drehbewegung zwischen drei parallelen Wellen. Näheres siehe Getriebeblatt AWF 609 „Parallel-kurbeltriebe".

United Cigarettes Machine Company A.-G., Dresden A 21

Bild **9**

Agfa=Platte   phot Th. Brandt

Modell E 38

Parallelräder.

Abwandlung des Parallelkurbeltriebs zur Verbindung paralleler Wellen mit geringem Achsabstand. Näheres siehe AWF 609 „Parallelkurbeltriebe".

Institut für technische Physik, Berlin (Prof. Dr.-Ing. Skutsch)

Bild 10

Agfa=Platte   phot. Th. Brandt

Modell G 96

Parallelrollentrieb.

Abwandlung des Parallelkurbeltriebs zur Verbindung paralleler Wellen mit geringem Achsabstand. Näheres siehe Getriebeblatt AWF 609 „Parallelkurbeltriebe".

Höhere Maschinenbauschule Leipzig

Bild **11**

Agfa=Platte   phot. Th. Brandt

Modell R 1112

Antiparallelkurbel.

Umwandlung einer gleichförmigen Drehung in eine solche
mit ungleichförmiger Geschwindigkeit und entgegenge-
setztem Drehsinn. Das Modell zeigt, daß die Antiparallel-
kurbel dieselbe Geschwindigkeit ergibt, wie die Abrollung zweier Ellipsen aufeinander, also gleichwertiger
Ersatz für Ellipsenräder.

Reuleaux-Sammlung, Technische Hochschule Berlin

Bild 12

Agfa=Platte   phot. Th. Brandt

Modell E 32

Storchschnabel.

Kurbeltrieb zur Führung in ähnlicher Kurve.

Institut für technische Physik, Berlin (Prof. Dr.-Ing. Skutsch)

Bild 13

Agfa=Platte phot Th. Brandt

Modell J 49

Dreiradgetriebe.

Zusammengesetzter Kurbel- und Rädertrieb zur Umwandlung einer gleichförmigen Drehbewegung in eine
ungleichförmige mit Stillstand bei jeder Umdrehung. Das
Antriebsrad links ist exzentrisch gelagert. Das Zwischen-
rad wird durch die Kurbel (Bogenschubkurbel) auf- und
abgeschwungen. Dadurch erhält das dritte zentrisch ge-
lagerte Rad die gewünschte Bewegung. Das Getriebe ist
der Firma Georg Spieß, Leipzig, zum Antrieb von Bogen-
anlegern an Druckereimaschinen patentiert (D. R. P.
Nr. 351 640, Klasse 15 e, Gruppe 10).

Gebr. Tellschow, Maschinenfabrik Berlin SO 36

Bild 14

Agfa=Plattephot. Th. Brandt

Modell K 49

Hubverdoppler.

Geradschubkurbel zur Umwandlung einer gleichförmigen Drehung in annähernd sinoidischen Hin- und Hergang. Gegenüber der Bewegung des mittleren Schiebers wird durch Zwischenschaltung von Ritzel und Zahnstange der Hub des oberen Schiebers verdoppelt. Bei Schnellpressen angewandt. Siehe auch Getriebeblatt AWF 612 „Geradschubkurbel".

Technische Hochschule Karlsruhe

Bild 15

Agfa=Platte   phot. Th. Brandt

Modell E 22 d

Geradschubkurbel mit Zapfenerweiterung.

Kurbeltrieb zur Umwandlung von Drehung in Hin- und Hergang. Eine Kurbel ist durch Zapfenerweiterung zu einem Exzenter gewórden. Näheres siehe Getriebeblatt AWF 612 „Geradschubkurbel".

Institut für technische Physik, Berlin (Prof. Dr.-Ing. Skutsch)

Bild 16

⌐ Agfa=Platte   phot. Th. Brandt

Modell E 22 a

Geradschubkurbel mit Zapfenerweiterung.

Kurbelantrieb zur Umwandlung von Drehung in Hin- und Hergang. Die Kurbel ist durch Zapfenerweiterung zu einem Exzenter geworden. Näheres siehe Getriebeblatt AWF 612 „Geradschubkurbel".

Institut für technische Physik, Berlin (Prof. Dr.-Ing. Skutsch)

Bild 17

Agfa=Platte   phot. Th. Brandt

Modell E 22 b

Schubkurbel mit Zapfenerweiterung.

Kurbeltrieb zur Umwandlung von Drehung in Hin- und Hergang. Die Schubstange ist durch Zapfenerweiterung zu einem Exzenter geworden.

Institut für technische Physik, Berlin (Prof. Dr.-Ing. Skutsch)

Bild 18

Agfa=Platte   phot. Th. Brandt

Modell E 22 c

Schubkurbel mit Zapfenerweiterung.

Kurbeltrieb zur Umwandlung von Drehung in Hin- und
Hergang. Die Schubstange ist durch Zapfenerweiterung
zu einem Exzenter geworden.

Institut für technische Physik, Berlin (Prof. Dr.-Ing. Skutsch)

Bild 19

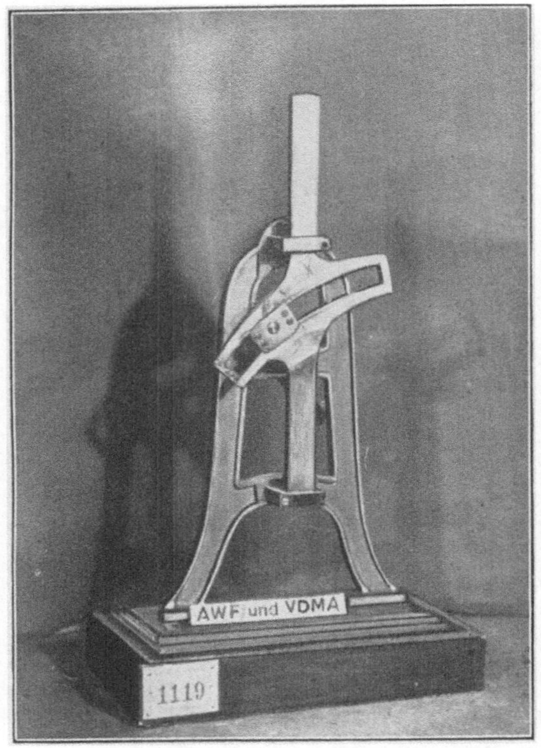

Agfa=Platte   phot. Th. Brandt

Modell R 1119

Geradschubkurbel.

Kurbeltrieb zur Umwandlung einer Drehung in Hin- und
Hergang. Ersatz eines Drehgelenks durch Bogenführung.
Näheres siehe Getriebeblatt AWF 612 „Geradschub-
kurbel".

Reuleaux-Sammlung, Technische Hochschule Berlin

Bild 20

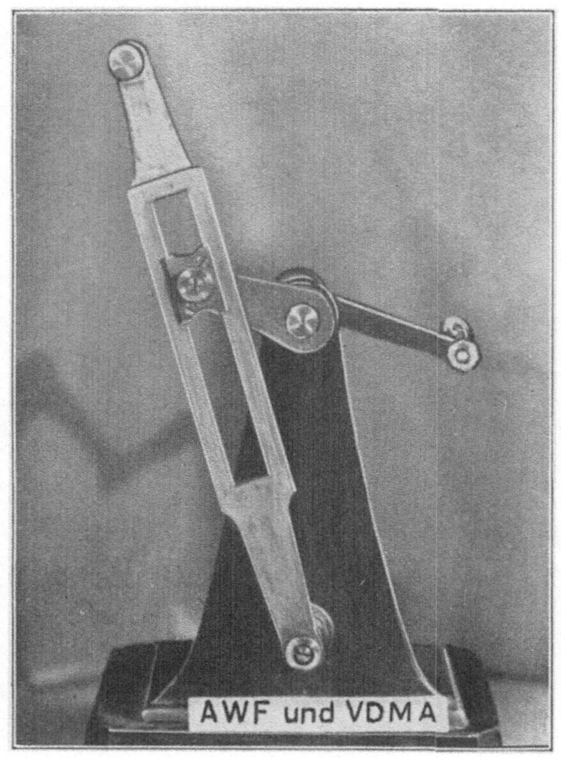

Agfa=Platte   phot. Th. Brandt

Modell K 19

Schwingende Kurbelschleife.

Kurbeltrieb zur Umwandlung einer gleichförmigen Drehung in eine hin- und herschwingende mit langsamem Vorwärts- und schnellem Rückwärtsgang. Näheres siehe Getriebeblatt AWF „Schwingende Kurbelschleife" (in Vorbereitung).

Technische Hochschule Karlsruhe

Bild 21

Agfa=Platte   phot. Th. Brandt

Modell K 21

Umlaufende Kurbelschleife.

Kurbeltrieb zur Umwandlung einer gleichförmigen Drehung in eine ungleichförmige Drehung.

Technische Hochschule Karlsruhe

Bild 22

Agfa=Platte   phot. Th. Brandt

Modell J 17

Fadenführer an Flechtmaschinen.

Umlaufende Kurbelschleife, die dazu dient, im unteren
Teil den Faden langsam, im oberen Teil schneller zu
führen.

Guido Horn, Berlin-Weißensee

Bild 23

Modell J 71

Walzenstuhlgetriebe.

Kurbelschleife und Geradschubkurbel hintereinander geschaltet, zur Umwandlung einer gleichförmigen Drehung
in Hin- und Hergang von ungleichförmiger Geschwindigkeit. (Patentiert.)

Johne-Werk A.-G., Bautzen

Bild 24

Agfa=Platte   phot. Th. Brandt

Modell S 101

Schlittenantrieb.

Umlaufende und schwingende Kurbelschleife hintereinander geschaltet zur Umwandlung von Drehung in Hin- und Hergang mit annähernd gleichförmigem Hin- und schnellem Rückgang.

Ingenieur-Schule Zwickau

Bild 25

Agfa-Platte   phot. Th. Brandt

Modell J 55

Römergetriebe.

Zusammengesetztes Kurbelgetriebe, zur Umwandlung einer Drehung in Hin- und Hergang mit periodisch wechselnder Weglänge. Näheres siehe Getriebeblatt AWF 612 „Geradschubkurbel".

Gebr. Tellschow, Berlin SO 36

Bild 26

Agfa=Platte   phot. Th. Brandt

Modell K 11

Gleichschenklige Geradschubkurbel.

Zur gleichförmigen Uebertragung einer Drehung zwischen
Wellen paralleler Achsen mit Uebersetzung 1:2.

Höhere Maschinenbauschule Leipzig

Bild 27

Agfa=Platte   phot. Th. Brandt

Modell R 550

Gleichschenklige Geradschubkurbel
(„Schildräder").

Ausführungsmöglichkeit des Kardanprinzips für eine Uebersetzung 1:2. Näheres siehe Getriebeblatt AWF 601 „Das Kardankreispaar".

Reuleaux-Sammlung, Technische Hochschule Berlin

Bild 28

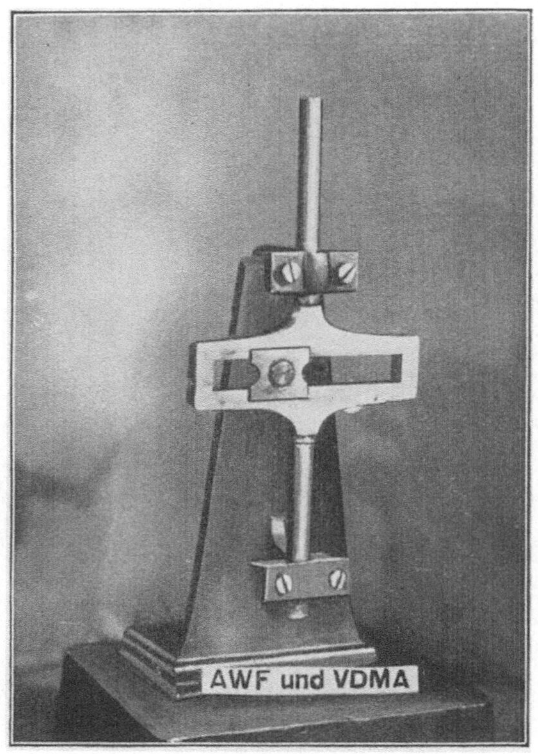

Agfa=Platte   phot. Th. Brandt

Modell K 12

Umlaufende Kreuzschleifenkurbel.

Kurbeltrieb zur Umwandlung einer gleichförmigen Drehung in Hin- und Hergang mit sinoidischer Geschwindigkeit.

Technische Hochschule Karlsruhe

Bild 29

Agfa=Platte   phot. Th. Brandt

Modell K 17

Kreuzschleife mit Zapfenerweiterung.

Kurbeltrieb zur Umwandlung einer gleichförmigen Drehung in Hin- und Hergang mit sinoidischer Geschwindigkeit.

Technische Hochschule Karlsruhe

Bild 30

Agfa=Platte   phot. Th. Brandt

Modell E 30

Ellipsenzirkel.

Anwendung der Kreuzschleife zur genauen Zeichnung von Ellipsen.

Institut für technische Physik, Berlin (Prof. Dr.-Ing. Skutsch)

Bild 31

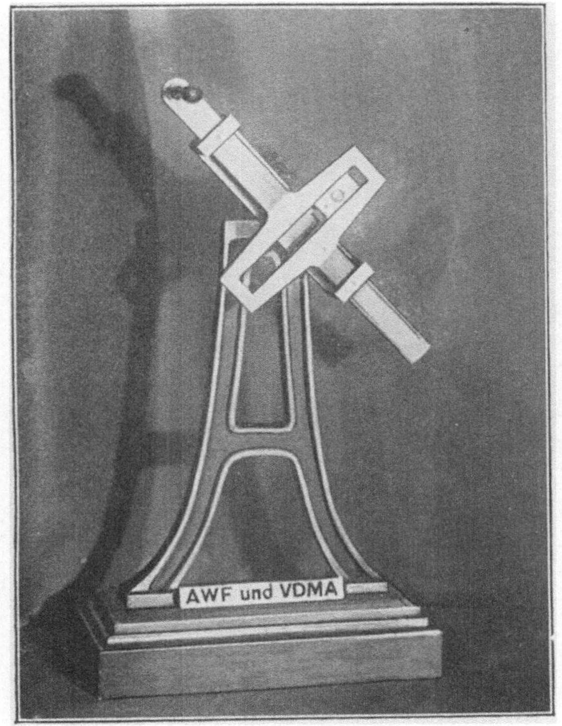

Agfa=Platte   phot. Th. Brandt

Modell K 10

Umlaufende Kreuzschleife.

Kurbeltrieb zur übereinstimmenden Uebertragung von Drehung zwischen parallelen Achsen (vergl. Bild 33); außerdem werden auf der umlaufenden Kreuzschleife durch Punkte des Gestells Ellipsen beschrieben (vergl. Bilder 34 und 35).

Technische Hochschule Karlsruhe

Bild 32

Agfa-Platte   phot. Th. Brandt

Modell E 21

Oldham's sche Kupplung.

Kurbeltrieb zur Verbindung paralleler Achsen von geringem Achsabstand. (Anwendung der umlaufenden Kreuzschleife.)

Institut für technische Physik, Berlin (Prof. Dr.-Ing. Skutsch)

Bild 33

Agfa=Platte   phot. Th. Brandt

Modell E 31

Ovalwerk nach Lionardo da Vinci.

Umlaufende Kreuzschleife zur Erzeugung von Ellipsen
an dem mit der Kreuzschleife verbundenen Werkstück.

Institut für technische Physik, Berlin (Prof. Dr.-Ing. Skutsch)

Bild 34

Agfa=Platte   phot. Th. Brandt

Modell R 155

Ovalwerk von Hoff.

Zusammengesetzte umlaufende Kreuzschleife mit Parallel-
kurbeltrieb zur Erzeugung von Ellipsen wie beim Lio-
nardo'schen Ovalwerk (siehe Bild 34).

Reuleaux-Sammlung, Technische Hochschule Berlin

Bild 35

Agfa=Platte   phot. Th. Brandt

Modell R 148

Sinoidwerk.

Kreuzschleifenkurbel mit Räderwerk zur Erzeugung von Polarsinoiden.

Reuleaux-Sammlung, Technische Hochschule Berlin

Bild 36

Agfa=Platte

phot. Th. Brandt

Modell R 1786

Rechteckdrehwerk von Hoff.

Zusammengesetztes Getriebe aus Kreuzschleifen, Geradschubkurbel und Sternschalträdern zur Erzeugung von
Rechtecken und ähnlichen Kurven.

Reuleaux-Sammlung, Technische Hochschule Berlin

Bild 37

Agfa=Platte   phot. Th. Brandt

Modell E 14

Winkelschleife.

Grundlage für Lenkergradführungen (Konchoidenlenker).

Institut für technische Physik, Berlin (Prof. Dr.-Ing. Skutsch)

Bild 38

Agfa=Platte   phot. Th. Brandt

Modell J 58

Hinterdrehvorrichtung.

Anwendung der schwingenden Kurbelschleife.
Verschiedene Getriebe zur Erzeugung der Hinterdreh-
kurve durch ausschließliche Bewegung des Werkstücks,
also mit feststehendem Stahl.

Schaerer & Co., Karlsruhe-Baden

Bild 39

Agfa-Platte   phot. Th. Brandt

Modell J 44

Nähmaschine.

Verschiedene Getriebe, in der Hauptsache Kurbeltriebe, zum Antrieb der Nadel und des Vorschubes, insbesondere auch für Zick-Zackstich zum Nähen von Strohhüten.

E. Böttcher, Berlin S 14

Bild 40

Agfa=Platte   phot. Th. Brandt

Modell E 16

Räumliche Bogenschubkurbel.

Räumlicher Kurbeltrieb zur Umwandlung von fortlaufender Drehung in hin- und hergehende Drehung bei einander schneidenden Achsen.

Institut für technische Physik, Berlin (Prof. Dr.-Ing. Skutsch)

Bild 41

Agfa=Platte   phot. Th. Brandt

Modell E 20

Hook'scher Schlüssel.

Räumlicher Kurbeltrieb zur Umwandlung von fortlaufender Drehung in schwingende Drehung.

Institut für technische Physik, Berlin (Prof. Dr.-Ing. Skutsch)

Bild 42

Agfa=Platte   phot. Th. Brandt

Modell J 51

Richtiger und falscher Einbau
von Kreuzgelenken (Kardangelenken).

Demonstrationsmodell zum Nachweis, daß zwei hintereinandergeschaltete Kreuzgelenke nur bei richtigem Einbau Drehung gleichförmig übertragen.

Fritz Werner A.-G., Berlin-Marienfelde

Bild 43

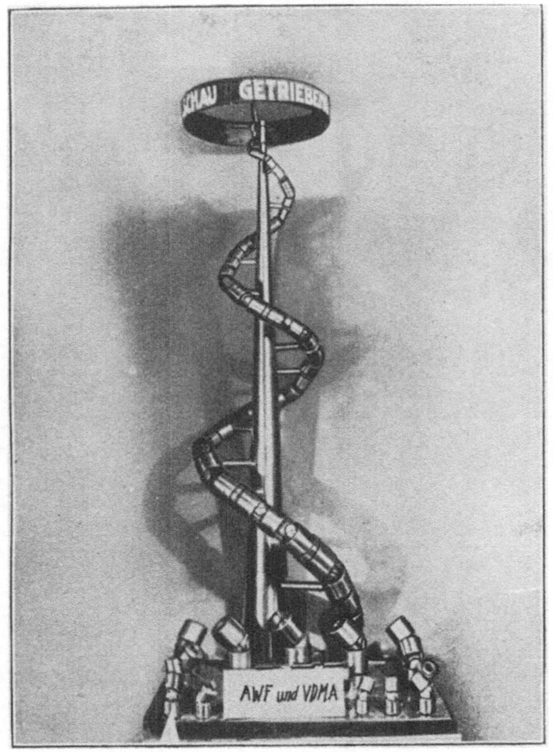

Agfa=Platte   phot. Th. Brandt

Modell J 16

Kreuzgelenksäule.

Vorführungsmodell zum Nachweis, wie mit Kreuzgelenken
die Verbindung von Wellen in verschiedenen Winkeln
möglich ist.

Fritz Werner A.-G., Berlin-Marienfelde

Bild 44

Agfa=Platte   phot. Th. Brandt

Modell R 1831

Kreuzgelenkkupplung.

Doppeltes Kreuzgelenk zur Kupplung von Wellen mit sich schneidenden Achsen bei gleichförmiger Geschwindigkeitsübertragung.

Reuleaux-Sammlung, Technische Hochschule Berlin

Bild **45**

Agfa=Platte   phot. Th. Brandt

Modell K 55

Erweitertes Kreuzgelenk.

Räumlicher Kurbeltrieb mit Kegelumlaufrädern zusammengesetzt zur gleichförmigen Uebertragung der Drehung zwischen Wellen mit sich schneidenden Achsen.

Technische Hochschule Karlsruhe

Bild 46

Agfa=Platte   phot. Th. Brandt

Modell R 1829

Mannesmann-Kupplung.

Kreuzgelenk mit ebenen Uebertragungskörpern zur Verbindung von Wellen mit sich schneidenden Achsen.

Reuleaux-Sammlung, Technische Hochschule Berlin

Bild 47

Kurventriebe.

Kurventriebe sind solche Getriebe, bei denen durch Bewegung einer Kurvenscheibe, Kurventrommel oder dergleichen einem Schieber oder Hebel eine unregelmäßige Bewegung erteilt wird.

Agfa=Platte   phot. Th. Brandt

Modell R 1603

Kurventrieb mit doppelter archimedischer Spirale (Herzkurve).

Kurventrieb zur Umwandlung einer gleichförmigen Drehung in Hin- und Hergang mit gleichförmiger Geschwindigkeit.

Reuleaux-Sammlung, Technische Hochschule Berlin

Bild 48

Agfa=Platte   phot. Th. Brandt

Modell G 15

Kurventrieb mit 3 Paaren archimedischer Spiralen.

Zur Umwandlung einer gleichförmigen Drehung in gleichförmigen Hin- und Hergang; bei einer Umdrehung der Kurvenscheibe führt der Schieber drei volle Spiele aus.

Höhere Maschinenbauschule Leipzig

Bild 49

Agfa=Platte phot. Th. Brandt

Modell R 1629

Kurventrieb mit Evolventen.

Zur Umwandlung von gleichförmiger Drehung in grad-
linigen Hin- und Hergang.

Reuleaux-Sammlung, Technische Hochschule Berlin

Bild 50

Agfa=Platte   phot. Th. Brandt

Modell R 1613

Kurventrieb mit Kardioide.

Umwandlung von gleichförmiger Drehung in Hin- und Hergang mit sinoidischer Geschwindigkeit.

Reuleaux-Sammlung, Technische Hochschule Berlin

Bild 51

Agfa=Platte   phot. Th. Brandt

Modell R 1611

Kurventrieb mit Kardioide.

Umwandlung einer Drehung in Hin- und Hergang mit sinoidischer Geschwindigkeit.

Reuleaux-Sammlung, Technische Hochschule Berlin

Bild 52

Agfa=Platte   phot. Th. Brandt

Modell G 14

Kurventrieb mit Sinoiden.

Zur Umwandlung einer Drehung in Hin- und Hergang
mit sinoidischer Geschwindigkeit.

Höhere Maschinenbauschule Leipzig

Bild **53**

Agfa=Platte   phot. Th. Brandt

Modell E 58

Kurventrieb.

Kurventrieb mit zwei gegeneinander verstellbaren Scheibenkurven zur Umwandlung einer Drehung in Hin- und Hergang nach bestimmtem Bewegungsgesetz, hier mit Ruhepausen; durch Verwendung von zwei Rollen ist das Getriebe formschlüssig.

Institut für technische Physik, Berlin (Prof. Dr.-Ing. Skutsch)

Blld 54

Agfa-Platte   phot. Th. Brandt

Modell K 27

Kurventrieb mit Daumen.

Kurventrieb zur Umwandlung einer gleichförmigen
Drehung in Hin- und Hergang mit Stillstand in den Um-
kehrpunkten. Nur für kleine Drehzahl brauchbar, sonst
Stöße.

Technische Hochschule Karlsruhe

Bild 55

Agfa=Platte   phot. Th. Brandt

Modell K 18

Kurventrieb.

Kreuzschleife (siehe Bild 29) mit eingesetzten Rast-
kurven zur Umwandlung einer gleichförmigen Drehung
in Hin- und Hergang mit längerem Stillstand in den
beiden Umkehrpunkten.

Technische Hochschule Karlsruhe

Bild 56

Agfa=Platte   phot. Th. Brandt

Modell E 4

Bogendreieck im Quadrat.

Höheres Elementenpaar, Grundlage für die nachfolgen-
den Kurventriebe (siehe Bild 58, 59). Angewendet bei
Vierecklochbohrern.

Institut für technische Physik, Berlin (Prof. Dr.-Ing. Skutsch)

Bild 57

Agfa=Platte   phot. Th. Brandt

Modell K 31

Bogendreieck in der Kreuzschleife.

Kurvenschubtrieb zur Umwandlung einer gleichförmigen Drehung in eine hin- und hergehende Bewegung mit Stillstand in den Endlagen.

Technische Hochschule Karlsruhe

Bild 58

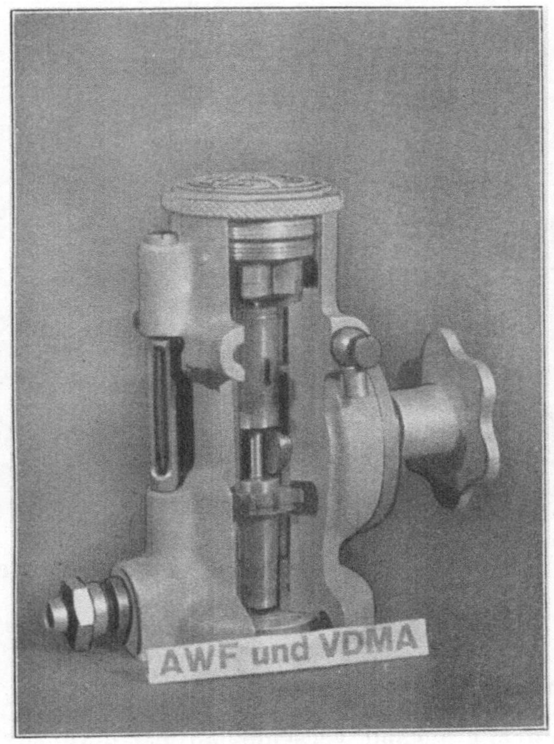

Agfa=Platte   phot. Th. Brandt

Modell J 79

Ref-Oelpumpe.

In der Pumpe ist ein Kurventrieb, Kreuzschleife mit
Bogendreieck (ähnlich Bild 58), zur Umwandlung einer
Drehung in eine hin- und hergehende Bewegung an-
gewendet.

Ref-Apparatebau G. m. b. H., Feuerbach-Stuttgart

Bild 59

Agfa=Platte   phot. Th. Brandt

Modell K 30

Verstellbarer Kurventrieb.

Kurventrieb mit achsial verschiebbarer Kurve zur Umwandlung einer gleichförmigen Drehung in eine absatzweise hin- und herschwingende (Stillstandsdauer ver-
änderlich).

Technische Hochschule Karlsruhe

Bild 60

Agfa=Platte   phot. Th. Brandt

Modell R 1644

Taumelscheibe.

Kurventrieb zur Umwandlung von gleichförmiger Drehung
in Hin- und Hergang mit sinoidischer Geschwindigkeit.

Reuleaux-Sammlung, Technische Hochschule Berlin

Bild 61

Agfa=Platte   phot. Th. Brandt

Modell J 23

Rechenführung für Getreidemähmaschinen mit Selbstablage.

Globoidkurventrieb mit feststehender Kurve.
Mit Hilfe einer Weiche kann eine beliebige Anzahl der sechs Rechen auf einer unteren oder oberen Abzweigung der Kurve geführt und so zur Arbeit herangezogen werden.

Vereinigte Fabriken landwirtschaftlicher Maschinen vorm. Epple & Buxbaum A.-G., Augsburg

Bild 62

Agfa=Platte phot. Th. Brandt

Modell J 29

Modell eines Sechseckfräswerkes.

Rädertrieb zur Lagenführung von Kreisen derart, daß ihr Umfang den Umfang eines Sechseckes beschreibt. Die beiden Kreise erzeugen abwechselnd je eine Kante des Sechseckes.

Gebr. Tellschow, Berlin SO 36

Bild 63

Agfa=Platte   phot. Th. Brandt

Modell J 14

Schienenkopfzeichner, System Brüggemann.

Getriebe zum Kopieren von Kurven; Prüfung der Abnutzung von Schienenprofilen. Näheres siehe AWF-Mit-
teilungen 10. Jahrgang 1928, Heft 2.

Deutsche Reichsbahn-Gesellschaft, Berlin
(Hersteller: P. Suckow, Breslau)

Bild 64

Rädertriebe.

Rädertriebe gliedern sich in Zahnräder - und Reibrädertriebe. Nach der Stellung der Achsen der miteinander gepaarten Räder unterscheidet man Stirnräder (Achsen parallel), Kegelräder (Achsen einander schneidend) und Schrauben- und Hyperbelräder (Achsen einander kreuzend).

Rädertriebe haben allgemein die Aufgabe der Geschwindigkeitsübersetzung.

Ein Sonderfall des Rädertriebes ist der Zahnstangentrieb bei dem der Halbmesser eines Rades unendlich geworden ist.

Agfa=Platte   phot. Th Brandt

Modell G 6

Schildräder.

Sonderfall der Triebstockverzahnung für eng beieinander liegende parallele Achsen.

Technische Hochschule Karlsruhe

Bild 65

Agfa=Platte   phot. Th. Brandt

Modell J 40

Stirnradgetriebe mit Schrägverzahnung.

Für eine unveränderliche Uebersetzung zwischen Wellen paralleler Achsen.

Axmann & Co. G. m. b. H., Bochum

Bild 66

Modell J 61

Schiffsgetriebe.

Rädertrieb für große Uebersetzung.

Friedrich Krupp A.-G., Essen

Bild 67

Agfa=Platte   phot. Th. Brandt

Modell J 26

Demag-Getriebe.

Mehrfacher Rädertrieb für große Uebersetzung.

Demag A.-G., Duisburg, Werk Mühlheim-Ruhr

Bild 68

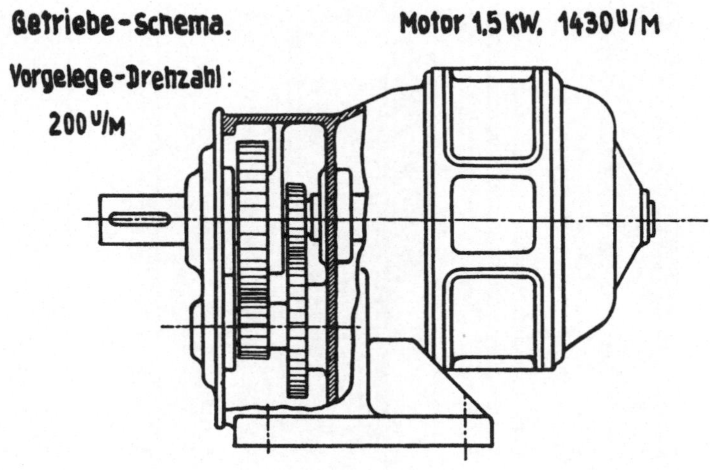

Vorgelege-Motor.

Rädertrieb zur Drehzahlverminderung.

Siemens-Schuckert-Werke, Berlin-Siemensstadt

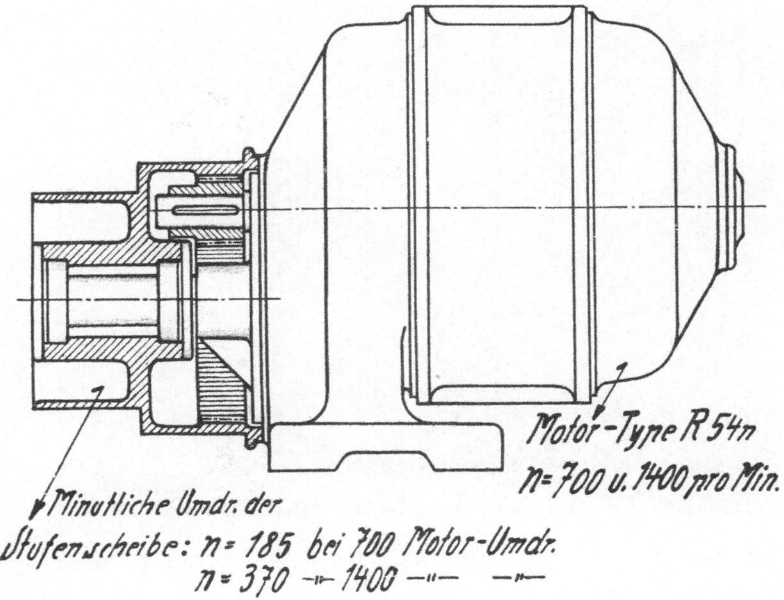

Modell J 73

Vorgelege-Motor.

Rädertrieb zur Drehzahlverminderung.

Siemens-Schuckert-Werke, Berlin-Siemensstadt

Bild 70

Agfa=Platte   phot. Th. Brandt

Modell J 27

Schneckengetriebe.

Rädertrieb zur Drehzahlverminderung zwischen Wellen senkrecht kreuzender Achsen.

Axien, Altona

Bild 71

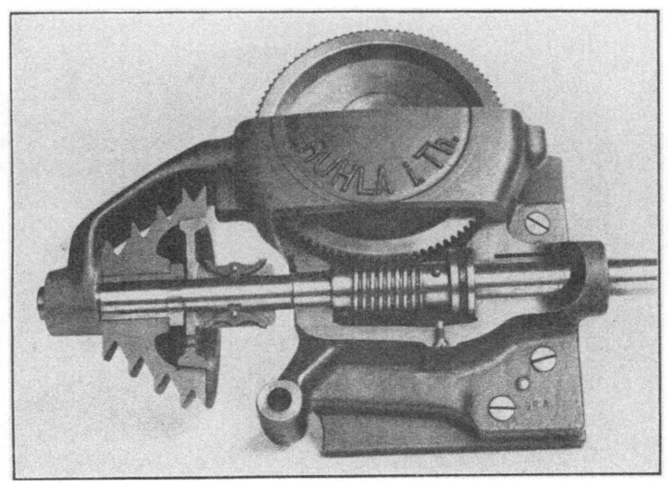

Modell J 9

Schneckengetriebe und Kupplung.

Rädertrieb zur Drehzahlverminderung zwischen Wellen
senkrecht kreuzender Achsen.

Gebr. Thiel G. m. b. H., Ruhla / Thür.

Bild 72

Modell J 52

Universalteilkopf.

Rädertrieb zum Teilen bei Herstellung von geraden oder gewundenen Nuten.

Biernatzki & Co., Chemnitz

Bild 73

Agfa=Platte   phot. Th. Brandt

Modell J 22

Getriebekasten.

Zusammengesetzte Rädertriebe für verschiedene Ueber-setzungen.

Carl Hurth, München

Bild 74

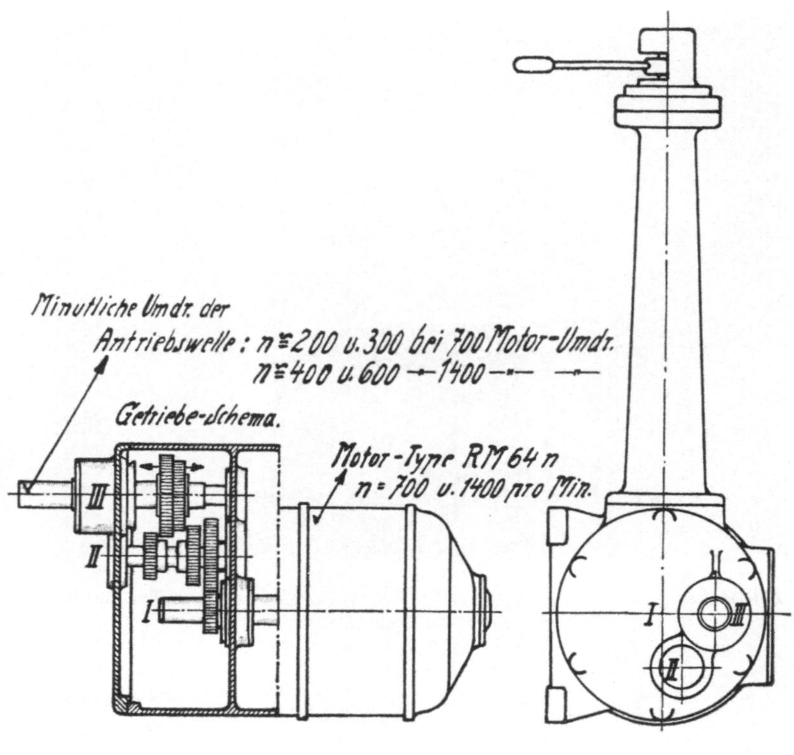

Vorgelege-Motor.

Rädertrieb zur Drehzahlverminderung.

Siemens-Schuckert-Werke, Berlin-Siemensstadt

Bild **75**

Agfa=Platte   phot. Th. Brandt

Modell S 102

Kraftwagen-Getriebe.

Zusammengesetzter Rädertrieb zur Schaltung von vier
Vorwärtsgängen und einem Rückwärtsgang. Die verschiedenen Uebersetzungen werden durch achsiales Verschieben der Zahnräder erzielt.

Ingenieurschule Zwickau

Bild 76

Agfa-Platte   phot. Th. Brandt

Modell J 36

Kraftwagen-Getriebe.

Zusammengesetzter Rädertrieb zur Schaltung von drei Vorwärtsgängen und einem Rückwärtsgang. Die verschiedenen Uebersetzungen werden durch achsiales Verschieben der Zahnräder erzielt.

Zahnradfabrik Friedrichshafen,
   Friedrichshafen a. Bodensee

Bild 77

Agfa=Platte   phot. Th. Brandt

Modell J 18

Geschwindigkeitswechselgetriebe mit Öldruckschaltung.

Zusammengesetzter Rädertrieb für verschiedene Uebersetzungen. Jedes Räderpaar wird nach Wahl mit Hilfe
von Reibungskupplungen eingeschaltet, die durch Oel-
druck betätigt werden. Die Zahnräder werden also nicht
verschoben.

C. D. Magirus A. G., Ulm a. d. Donau

Bild 78

Agfa=Platte   phot. Th. Brandt

Modell J 1

Lokomotivgetriebe.

Mehrfacher Rädertrieb mit Freilaufkupplung zur wahlweisen Einschaltung verschiedener Uebersetzungen an Lokomotiven und Triebwagen mit Verbrennungsmotor.

Getriebe: A. Friedrich Krupp A.-G., Essen

Hauptkupplung: Magnet-Werk G. m. b. H., Eisenach

Bild 79

Agfa=Platte   phot. Th. Brandt

Modell J 19

Riemenwendegetriebe.

Zusammengesetztes Rädergetriebe zur Umwandlung einer gleichförmigen Drehung in eine Hin- und Herdrehung. Riemenverschiebung durch Kurventrieb.

Th. Mongen, Cöln-Mühlheim

Bild 80

Agfa=Platte   phot. Th. Brand

Modell K 84

Räderknie.

Rädertrieb zur gleichförmigen Uebertragung einer Drehbewegung zwischen parallelen Achsen von wechselndem
Achsabstand. Näheres im Getriebeblatt AWF 605 „Umlaufrädertriebe".

Technische Hochschule Karlsruhe

Bild 81

Agfa=Platte   phot. Th. Brandt

Modell J 75

Einzelachsantrieb.

Räder- und Kurbeltrieb zur gleichförmigen Drehungsübertragung zwischen parallelen Wellen bei wechselndem
Achsabstand. Das Getriebe dient zum Antrieb von elek-
trischen Lokomotiven.

Brown Boveri & Cie. A. G., Mannheim

Bild 82

Agfa=Platte   phot. Th. Brandt

Modell K 2

Differentialzählwerk von Marlborough.

Durchlaufendes Zählwerk für größere Umlaufzahlen. Die
Zähnezahl der beiden großen Räder ist um eins verschieden. Der Zeiger ist mit dem hinteren Rad fest verbunden. In dem dargestellten Modell entsprechen 405 Umdrehungen der Handkurbel einer vollen Zeigerumdrehung
in bezug auf das vordere Zahnrad.

Technische Hochschule Karlsruhe

Bild 83

Agfa=Platte   phot. Th. Brandt

Modell K 3

Differential-Schraubenräder.

Durchlaufendes Zählwerk für große Umlaufzahlen, ähnlich Bild 83, jedoch als Schnecke mit zwei Schneckenrädern, deren Zähnezahl um eins verschieden ist. Auch hier ist der Zeiger mit dem hinteren Schneckenrade fest verbunden. 10 100 Umdrehungen der Handkurbel entsprechen einer vollen Umdrehung des Zeigers in bezug auf das vordere Rad.

Technische Hochschule Karlsruhe

Bild 84

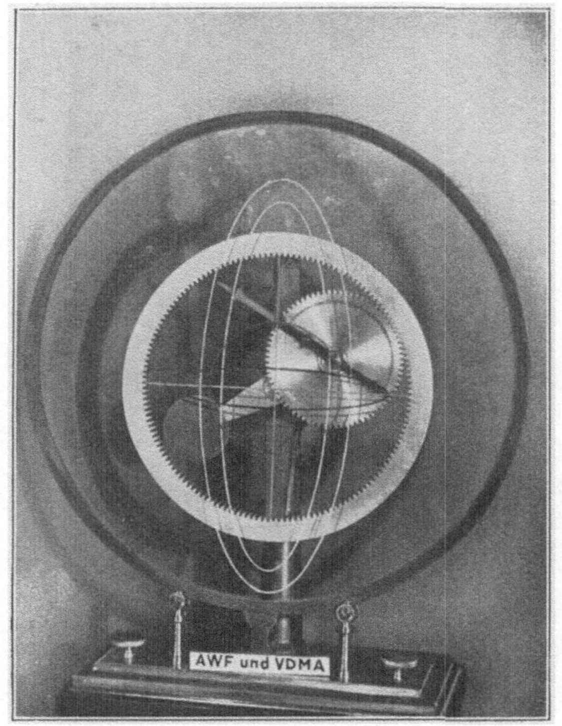

Agfa=Platte   phot. Th. Brandt

Modell G 92

Kardankreispaar als Zahnrädertrieb.

Modell zur Erläuterung des Kardanprinzips. Näheres siehe Getriebeblatt AWF 601 „Das Kardankreispaar".

Höhere Maschinenbauschule Leipzig

Bild 85

Agfa=Platte   phot. Th. Brandt

Modell S 103

Kardankreispaar.

Vorführungsmodell zum Nachweis verschiedener Anwendungsmöglichkeiten des Kardanprinzips. Näheres
siehe Getriebeblatt AWF 601 „Das Kardankreispaar".

Ingenieurschule Zwickau

Bild **86**

Agfa=Platte   phot. Th. Brandt

Modell K 81

Planetenrad nach Watt.

Umlaufrädertrieb zur Umwandlung einer hin- und her-
gehenden Bewegung in eine Drehbewegung, wobei gleichzeitig ein volles Hubspiel zwei Umdrehungen des getriebenen Rades ergibt. Näheres siehe Getriebeblatt
AWF 605 „Umlaufrädertriebe".

Technische Hochschule Karlsruhe

Bild 87

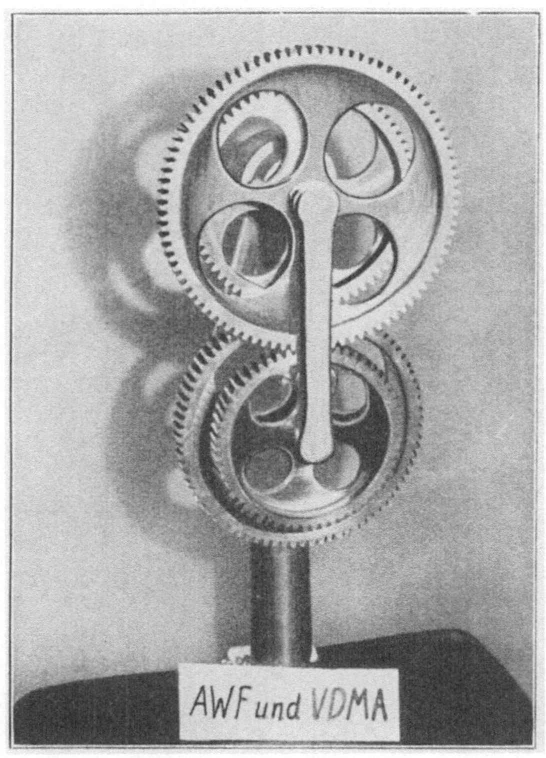

Agfa=Platte   phot. Th. Brandt

Modell E 39

Rückkehrende Umlaufräder.

Modell zur Erläuterung der im Getriebeblatt AWF 606 „Rückkehrende Umlaufrädertriebe” enthaltenden verschiedenen Anwendungsmöglichkeiten.

Institut für technische Physik, Berlin (Prof. Dr.-Ing. Skutsch)

Bild 88

Agfa=Platte   phot. Th. Brandt

Modell K 76

Halbierendes Umlaufräderwerk.

Rückkehrender Rädertrieb für Uebersetzung 1:2 zwischen Wellen gleicher Achse. Näheres siehe Getriebeblatt AWF 606 „Rückkehrende Umlaufrädertriebe".

Technische Hochschule Karlsruhe

Bild 89

Modell J 70

Umlaufrädertrieb.

Rückkehrender Umlaufrädertrieb zur Drehzahländerung
(∼1:3,7) zwischen Wellen gleicher Achse. Feststehendes
Zentralrad mit Innenverzahnung.

Pekrun, Coswig/Sa.

Bild 90

Modell J 12

Umlaufräder-Reduktionsgetriebe.

Umlaufrädertrieb für große Uebersetzungen. Näheres siehe Getriebeblatt AWF 606 „Rückkehrende Umlaufrädertriebe".

E. Paschke & Co., Freiberg i./Sa.

Bild **91**

Agfa=Platte   phot. Th. Brandt

Modell E 41

Halbierendes Kegelräderwerk.

Kegelräderumlauftriebe zur Halbierung oder Verdopplung von Drehzahlen. Näheres siehe Getriebeblatt AWF 607 „Kegelräderumlauftriebe".

Institut für technische Physik, Berlin (Prof. Dr.-Ing. Skutsch)

Bild 92

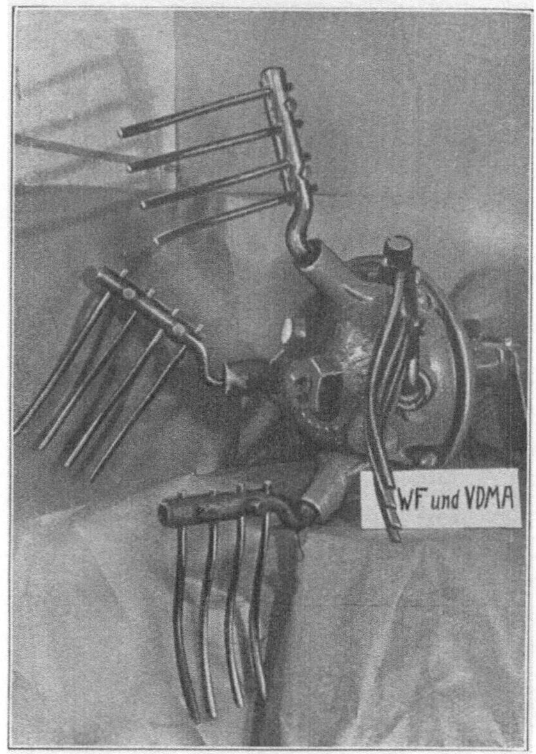

Agfa=Platte   phot. Th. Brandt

Modell J 11

Kartoffelerntemaschine.

Kegelräderumlauftriebe zur Lagenführung der Grabe-
gabeln. Näheres siehe Getriebeblatt AWF 607 „Kegelräderumlauftriebe".

Wilhelm Stoll, Torgau

Bild 93

Agfa=Platte   phot. Th. Brandt

Modell K 73

Rückkehrender Umlaufrädertrieb.

Differentialräderwerk. Näheres siehe Getriebeblatt AWF 606 „Rückkehrende Umlaufrädertriebe".

Technische Hochschule Karlsruhe

Bild 94

Agfa=Platte   phot. Th. Brandt

Modell K 75

Umlaufrädertrieb.

Drehungsübertragung von zwei Achsen mit beliebiger Drehzahl und Drehrichtung auf eine dritte Achse und umgekehrt. Näheres siehe Getriebeblatt AWF 606 „Rückkehrende Umlaufrädertriebe".

Technische Hochschule Karlsruhe

Bild 95

Agfa=Platte   phot. Th. Brandt

Modell J 53

Temperley-Winde.

Kegelräderumlauftriebe (siehe auch Bild 98), ähnlich
Bild 95, als Antrieb von zwei Seiltrommeln. Näheres
siehe Getriebeblatt AWF 607 „Kegelräderumlauftriebe".

Demag A.G., Duisburg

Bild 96

Agfa=Platte   phot. Th. Brandt

Modell K 78

Ausgleichgetriebe.

Demonstrationsmodell eines Kegelradausgleichgetriebes;
bei angezogener Bremse dreht sich das links sichtbare
Stirnrad entgegengesetzt der Kurbel.

Technische Hochschule Karlsruhe

Bild 97

Agfa=Platte   phot. Th. Brandt

Modell K 72

Rückkehrende Kegelumlauftriebe.

Rückkehrendes Kegelräderumlaufgetriebe, sogenanntes Automobildifferential. Näheres siehe Getriebeblatt AWF 607 „Kegelräderumlauftriebe" (vergl. Bild 96).

Technische Hochschule Karlsruhe

Bild 98

Agfa=Platte   phot. Th. Braudt

Modell J 31

Ohnesorge Ausgleichgetriebe.

Rückkehrendes Umlaufrädergetriebe zum Ausgleich etwa entstehender verschiedener Seilspannungen; Wirkungsweise ähnlich dem Automobildifferential. Näheres hierüber im Getriebeblatt AWF 606 „Rückkehrende Umlaufrädertriebe".

A. Bleichert & Co. A.G., Leipzig

Bild 99

Agfa=Platte   phot. Th. Brandt

Modell K 44

Mangeltrieb.

Rädertrieb zur Umwandlung einer gleichförmigen Drehung in gleichförmigen Hin- und Rückgang, wie er bei Wäschemangeln angewendet wird.

Technische Hochschule Karlsruhe

Bild 100

Agfa=Platte   phot. Th. Brandt

Modell K 48

Mangeltrieb.

Rädertrieb zur Umwandlung einer gleichförmigen Drehung in gleichförmigen Hin- und Hergang.

Technische Hochschule Karlsruhe

Bild 101

Agfa=Platte   phot. Th. Brandt

Modell K 42

Mangeltrieb.

Rädertrieb zur Umwandlung einer gleichförmigen Drehung in gleichförmige Schwingbewegung.

Technische Hochschule Karlsruhe

Bild 102

Modell J 35

Antrieb der Schnellpresse „Windsbraut"
(patentiert).

Mangeltrieb zur Umwandlung einer gleichförmigen Drehung in gleichförmigen Hin- und Hergang. Das Zahnrad rechts wird am Ende jedes Hubes gehoben oder gesenkt und greift jeweils in eine der beiden Zahnstangen ein. Zur gleichförmigen Uebertragung der Drehung auf die Achse dieses Zahnrades ist eine Oldham'sche Kupplung (siehe auch Bild 33) eingebaut.

J. G. Schelter & Giesecke, Leipzig C 1

Bild 103

Agfa=Platte   phot. Th. Brandt

Modell K 47

Mangeltrieb.

Mangeltrieb zur Umwandlung einer gleichförmigen Drehung in eine gleichförmig hin- und hergehende Drehung bei gleichzeitiger Untersetzung (Uebersetzung ins Langsame).

Technische Hochschule Karlsruhe

Bild 104

Agfa=Platte — phot. Th. Brandt

Modell K 46

Wendegetriebe.

Rädertrieb zur Umwandlung einer gleichförmigen Drehung in eine gleichförmig hin- und hergehende Drehung einer dazu senkrechten Welle. Die drei Räder sind nur teilweise verzahnt; das Antriebsrad kämmt abwechselnd mit je einem der beiden anderen Räder. Infolge der plötzlichen Bewegungsumkehr entstehen Stöße.

Technische Hochschule Karlsruhe

Bild 105

Agfa=Platte   phot. Th. Brandt

Modell J 45

Schnecken-Wechselgetriebe

Um die Antriebswelle schwenkbares Schneckengetriebe mit Fallschnecken verschiedener Steigung zur Erzielung und Schaltung von mehreren großen Uebersetzungen oder Vor- und Rücklauf. (DRP- und Auslandspatente)

Ing. Jon. Sternkopf, Rittersgrün im Erzgeb.

Bild 106

Agfa=Platte   phot. Th. Brandt

Modell R 768

Globoidschraubenräder.

Rädertrieb zur Verbindung von Wellen mit einander senkrecht kreuzenden Achsen. Näheres siehe Getriebeblatt „Globoidgetriebe" (in Vorbereitung).

Reuleaux-Sammlung, Technische Hochschule Berlin

Bild 107

Agfa=Platte　　　　　　　　　　　　　　　　phot. Th. Brandt

Modell J 21

Globoidschneckengetriebe.

Globoidrädertrieb für Drehzahlverminderung zwischen Wellen mit einander senkrecht kreuzenden Achsen. Näheres siehe Getriebeblatt „Globoidgetriebe" (in Vorbereitung).

Maschinenfabrik Pekrun, Coswig/Sa.

Bild 108

Agfa=Platte   phot. Th. Brandt

Modell J 20

Globoidrollengetriebe.

Rädertrieb zur Drehzahlverminderung zwischen Wellen senkrecht kreuzender Achsen bei Anwendung einer Globoidschnecke und von Rollen.

Maschinenfabrik Pekrun, Coswig/Sa.

Bild 109

Agfa=Platte   phot. Th. Brandt

Modell R 765

Jensenscher Göpel.

Globoidschneckentrieb mit Triebstockverzahnung zur Verbindung von Wellen mit sich senkrecht kreuzenden Achsen zur Uebersetzung ins Schnelle. Näheres siehe Getriebeblatt „Globoidgetriebe" (in Vorbereitung).

Reuleaux-Sammlung, Technische Hochschule Berlin

Bild 110

Agfa=Platte   phot. Th. Brandt

Modell E 42

Globoidschraubenräder.

Die Schnecke ist als Hohlschraube ausgebildet für große
Uebersetzung zwischen einander senkrecht kreuzenden
Wellen. Näheres siehe Getriebeblatt „Globoidgetriebe"
(in Vorbereitung).

Institut für technische Physik, Berlin (Prof. Dr.-Ing. Skutsch)

Bild 111

Agfa=Platte   phot. Th. Brandt

Modell R 1726

Beylich Universal-Gelenkwelle.

Rädertrieb zur Verbindung von Wellen mit einander schneidenden Achsen bei übereinstimmender Winkelgeschwindigkeit, deren Achswinkel zwischen 0^0—180^0 geändert werden kann.

Reuleaux-Sammlung, Technische Hochschule Berlin

Bild 112

Agfa=Platte   phot. Th. Brandt

Modell R 824

Bohrwerksantrieb.

Achsialer Antrieb des Bohrschlittens durch Umlaufräder und doppeltem Schraubentrieb. Näheres siehe Getriebeblatt AWF 605 „Umlaufrädertriebe".

Reuleaux-Sammlung, Technische Hochschule Berlin

Bild 113

Agfa=Platte   phot. Th. Brandt

Modell K 77

Bohrwerksantrieb.

Achsialer Antrieb des Bohrschlittens durch Umlaufräder
mit zentralem Schraubentrieb. Näheres siehe Getriebeblatt AWF 606 „Rückkehrende Umlaufrädertriebe".

Technische Hochschule Karlsruhe

Bild 114

Agfa=Platte   phot. Th. Brandt

Modell G 8

Bohrwerksantrieb (nach Reuleaux).

Achsialer Antrieb des Bohrschlittens durch umlaufendes
Schneckenrad, Kegelräder und exzentrischen Schraubentrieb.

Höhere Maschinenbauschule Leipzig

Bild 115

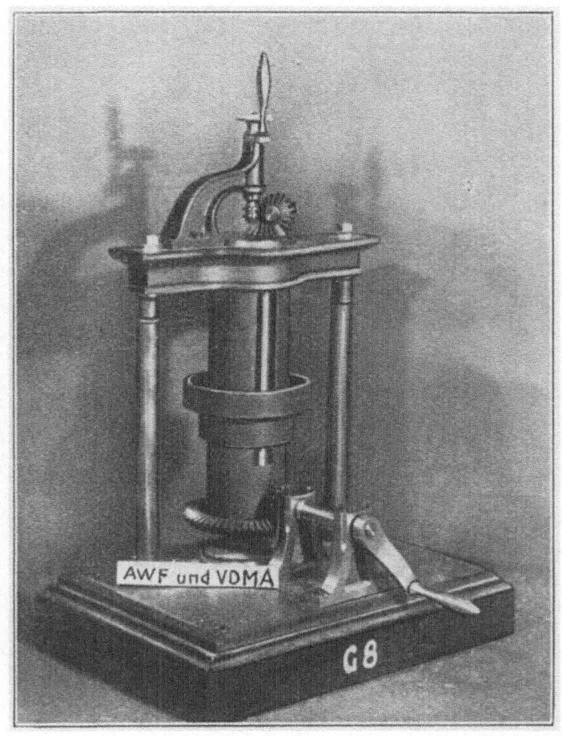

Agfa=Platte   phot. Th. Brandt

Modell G 9

Bohrwerksantrieb (nach Stehelin).

Achsialer Antrieb des Bohrschlittens durch Globoid-
schraubenräder (nach Bild 111), Ritzel und Zahnstange.

Höhere Maschinenbauschule Leipzig

Bild 116

Agfa=Platte   phot. Th. Brandt

Modell J 76

Sochor Getriebe.

Kugelreibradgetriebe für eine feste Uebersetzung zwischen Wellen gleicher Achse. Nach der Patentschrift ist auch stufenlose Regelung der Uebersetzung möglich. D. R. P. Nr. 446 140 (siehe auch Bild 118).

Sochor-Getriebe, Weidenau-Sieg

Bild 117

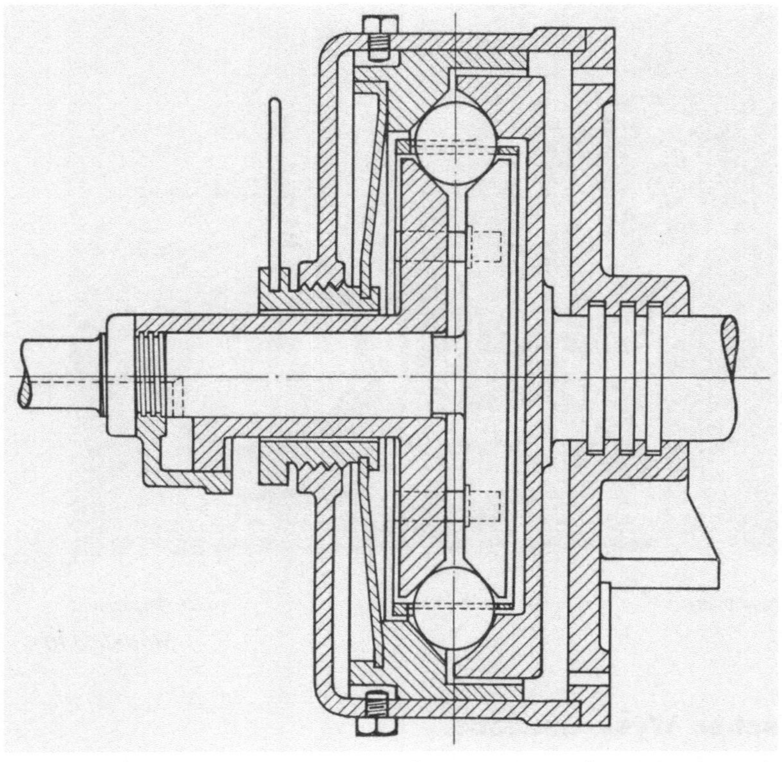

Modell J 76

Sochor-Getriebe.

Schnitt durch das Getriebe Bild 117 nach der Patent-schrift.

Sochor-Getriebe, Weidenau-Sieg

Bild 118

Agfa=Platte

phot. Th. Brandt

Modell J 10

Escher Wyss-Getriebe.

Reibradgetriebe zur stufenlosen Veränderung des Uebersetzungsverhältnisses.

Escher Wyss & Co., Zürich und Ravensburg

Bild 119

Modell J 2

Reibradgetriebe D.R.P. Garrard.

Reibrädertrieb zur Verbindung von parallelen Wellen mit unveränderlicher Uebersetzung. Die Achsen werden durch den Druck zwischen den Rädern nicht belastet. Mit solchen Getrieben wurden die Transmissionen auf der Getriebemodellschau angetrieben.

Friedrich Krupp A.-G., Essen

Bild 120

Agfa=Platte   phot. Th. Brandt

Modell K 103

Rollenlagerung.

Vorführungsmodell zum Nachweis der geringen Verluste bei Lagerung auf Rollen (angewandt an der Atwood'-schen Fallmaschine; Vorläufer des Wälzlagers).

Technische Hochschule Karlsruhe

Bild 121

Zugorgantriebe (Tracktriebe).

Zugorgantriebe (Tracktriebe) sind solche Getriebe, die ein nur zugfestes Element, also Riemen, Seile, Ketten usw. zur Bewegungsübertragung benutzen, also Riemen-, Seil- und Kettentriebe.

Modell J 80

De-Waage.

Durch Abrollung von Stahlbändern auf Kurvenscheiben werden stetig veränderliche Hebelarme erzielt, so daß die Teilung der Skalen gleichmäßig sein kann; gleichzeitig dienen die Bänder zur Aufteilung des Lastzuges auf die vier Zeiger, die nacheinander in Wirksamkeit treten.

Dinse-Schenck Waagenfabrik, Berlin-Niederschönhausen

Bild **122**

Modell J 32

Wippkran.

Zusammengesetzter Seiltrieb zur wagerechten Geradführung der Last.

Kampnagel, Hamburg 39

Bild 123

Agfa=Platte   phot. Th. Brandt

Modell J 8

Riemensteuerungsgetriebe D.R.P.
Lauer-Schmaltz.

Geschwindigkeitswechselgetriebe, bei dem der stufenlose Motor D. R. P. Lauer-Schmaltz, ein Außenläufermotor, Anwendung findet. Der Anker des Motors ist festgestellt; das rotierende Gehäuse als Stufenriemenscheibe ausgebildet; Motor in 3 Stellungen, Gegenscheibe in 2 Stellungen achsial verschieblich, also 6 Geschwindigkeitsstufen. Der pendelnd aufgehängte Motor dient als Spannrolle.

Rgbm. Eugen Lauer-Schmaltz, Offenbach a. M.

Bild 124

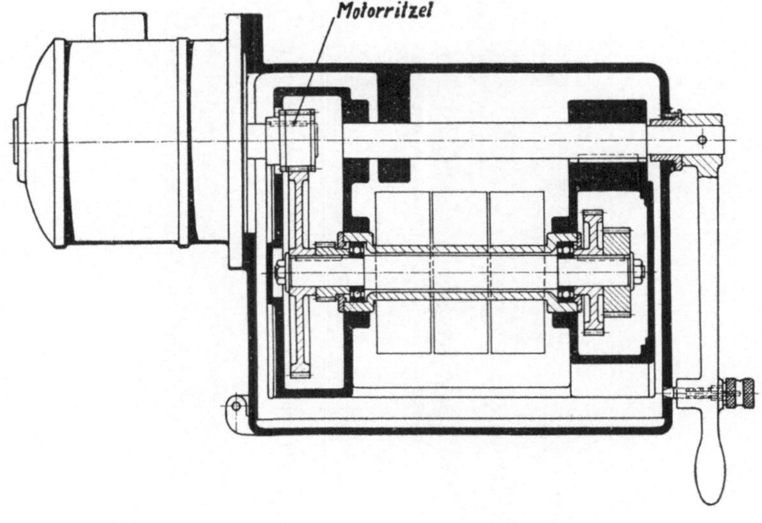

Riemenwechselgetriebe.

Die mittlere Scheibe ist Losscheibe und die beiden anderen drehen sich in entgegengesetzter Richtung. Durch Verschiebung des Riemens auf einer breiten Gegenscheibe wird mit nur einem Riemen der Wechsel des Drehsinns erreicht.

Baumann & Falk, Zeulenroda-Thür.

Bild 125

Agfa=Platte   phot. Th. Brandt

Modell J 24

Flender-Variator.

Keil-Riementrieb für stufenlose Regelung der Uebersetzung zwischen parallelen Wellen.

Die Regelung der Uebersetzung erfolgt durch wechsel-
weises Nähern und Entfernen der konischen Riemen-
scheiben, zwischen denen der Riemen mit den aufge-
nieteten Holzklötzen läuft.

A. Friedr. Flender & Co., Düsseldorf

Bild 126

Agfa=Platte   phot. Th. Brandt

Modell J 33

P I V-Kettengetriebe.

Zahnkettentrieb zur stufenlosen Regelung der Uebersetzung zwischen parallelen Achsen. Die Regelung erfolgt dadurch, daß die konischen, im Bilde sichtbaren,
Scheiben einander genähert oder voneinander entfernt
werden, so daß dadurch die beiden wirksamen Durch-
messer verändert werden.

Sauerstoffmaschinen G. m. b. H., München

Bild 127

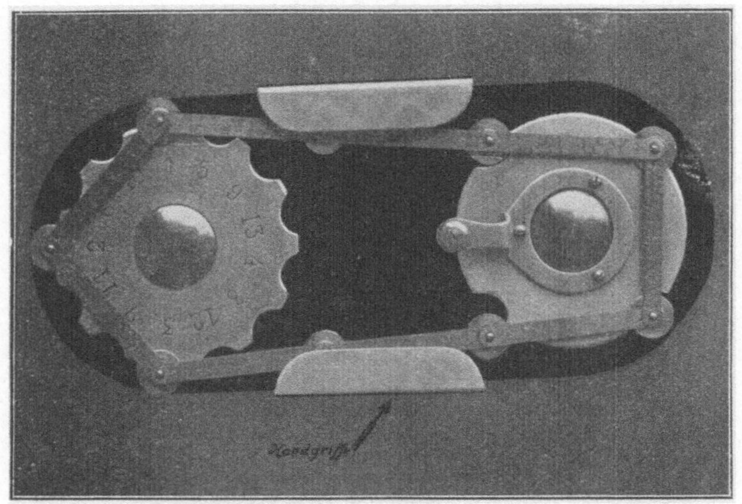

Modell J 46

Umführungsstern.

Zur Umführung von langgliedrigen Laschenketten für Becherwerke usw.; Versuchsmodell zum Nachweis verschieden starker Abnutzung.

J. Pohlig A.G., Köln-Zollstock

Bild 128

Sperrtriebe.

Sperrtriebe haben allgemein die Aufgabe, eine auf sie wirkende Kraft zeitweilig aufzuhalten, freizugeben oder zu überwinden. Die Gestaltungsmöglichkeiten sind sehr mannigfaltig. Eine Uebersicht über die Formen ist in dem Getriebeblatt AWF 610 „Sperrtriebe" enthalten. Dieses erste Getriebeblatt aus dem Gebiet der Sperrtriebe wird durch eine Reihe weiterer Blätter ergänzt.

Agfa=Platte   phot. Th. Brandt

Modell K 96

Ausgleichgetriebe.

Rädertrieb mit Sperrtrieben, um das gleichzeitige Arbeiten von zwei Wellen auf eine gemeinsame Welle zu ermöglichen.

Technische Hochschule Karlsruhe

Bild 129

Agfa=Platte   phot. Th. Brandt

Modell E 52

Schaltwerk aus Teilgesperren.

Näheres siehe Getriebeblatt AWF 610 „Sperrtriebe" und folgende.

Institut für technische Physik, Berlin (Prof. Dr.-Ing. Skutsch)

Bild 130

Agfa=Platte   phot. Th. Brandt

Modell E 51

Lagarousse-Schaltwerk.

Schaltwerk, bei dem Vor- und Rückwärtsgang des Schiebers zur Schaltung benutzt wird. Näheres siehe Getriebeblatt AWF 610 „Sperrtriebe".

Institut für technische Physik, Berlin (Prof. Dr.-Ing. Skutsch)

Bild 131

Agfa=Platte   phot. Th. Brandt

Modell J 78

Selbstsperrendes Schaltgetriebe.

Schaltgetriebe zur Umwandlung von Hin- und Hergang des Schiebers in absatzweise fortschreitende Bewegung des Rades (vergl. Bild 131). (Patente angemeldet.) Siehe auch Getriebeblatt „Schaltwerke aus Laufgesperren" (in Vorbereitung).

Guido Horn, Berlin-Weißensee

Bild 132

Agfa=Platte   phot. Th. Brandt

Modell R 1737

Schaltwerk aus Zylindergesperren.

Einer vollen Umdrehung des Einzahnrades entspricht
am getriebenen Rad ein Fortschreiten um eine Zahn-
teilung. Siehe auch Getriebeblatt AWF 610 „Sperrtriebe".

Reuleaux-Sammlung, Technische Hochschule Berlin

Bild 133

Agfa=Platte   phot. Th. Brandt

Modell R 1772

Seilwinde nach Sanborn.

Zwei Schaltwerke mit Zylindergesperren sind so gegeneinander versetzt, daß das Getriebe gegen den Seilzug selbstsperrend wirkt.   Näheres   siehe   Getriebeblatt AWF 610 „Sperrtriebe".

Reuleaux-Sammlung, Technische Hochschule Berlin

Bild 134

Agfa=Platte   phot. Th. Brandt

Modell E 54

Sechsarmiges Malteserkreuz.

Schaltwerk zur Umwandlung einer gleichförmigen Drehung in absatzweise fortschreitende Drehung.

Institut für technische Physik, Berlin (Prof. Dr.-Ing. Skutsch)

Bild 135

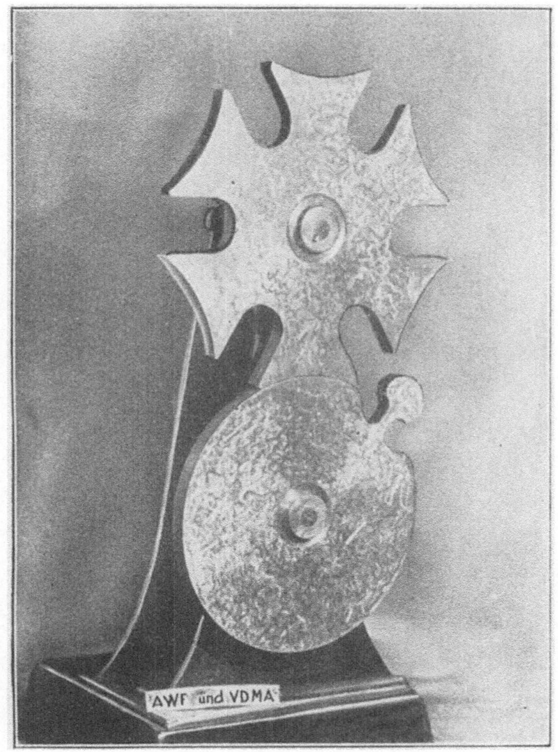

Agfa=Platte   phot. Th. Brandt

Modell K 41

Sechsarmiges Malteserkreuz (fehlerhafte Bauart).

Schaltwerk zur Umwandlung einer gleichförmigen Drehung in absatzweise Drehung.

Der Triebstock tritt in die Oeffnungen nicht tangential wie bei Bild 135 ein und erzeugt daher schon bei mäßiger Geschwindigkeit starke Stöße.

Technische Hochschule Karlsruhe

Bild 136

Agfa=Platte   phot. Th. Brandt

Modell J 28

Vierarmiges Malteserkreuz.

Schaltwerk zur ruckweisen Fortschaltung des Film-
streifens in Kinovorführungsmaschinen.

A E G, Berlin

Bild **137**

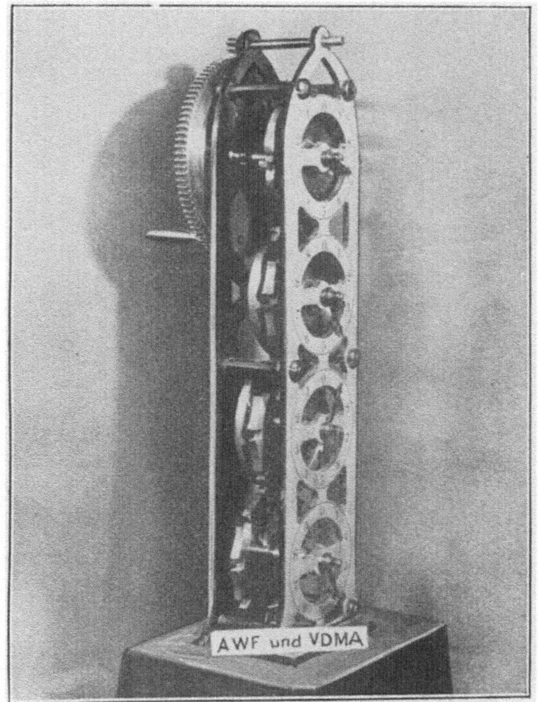

Agfa=Platte   phot. Th. Brandt

Modell K 184

Zählwerk.

Veraltete Bauart eines Zählwerks unter Anwendung von zehnarmigen Malteserkreuzen. Einer vollen Umdrehung des einen Zeigers entspricht eine zehntel Umdrehung des nächsten.

Technische Hochschule Karlsruhe

Bild **138**

Agfa=Platte   phot. Th. Brandt

Modell J 30

Zweiarmiges Sternschaltrad.

Fortentwicklung des Malteserkreuzes.
Schaltwerk mit gleichförmiger Drehungsübertragung
während des Schaltvorganges.

Gebr. Tellschow, Berlin SO 36

Bild 139

Agfa=Platte   phot. Th. Brandt

Modell R 1724

Genauigkeitsgesperre nach Chubb.

Mehrfaches Präzisionszylinderschaltwerk für Sicherheits-
schlösser Näheres siehe Getriebeblatt AWF 610 „Sperrtriebe".

Reuleaux-Sammlung, Technische Hochschule Berlin

Bild 140

Agfa=Platte   phot. Th. Brandt

Modell G 17

Reibungsgesperre (Daumengesperre).

Demonstrationsmodell: Rechts einfacher Sperrdaumen,
am Umfang angreifend, gegen Rechtsdrehung sperrend;
links zwei gegeneinander wirkende Sperrdaumen, seit-
lich angreifend, gegen Linksdrehung sperrend. Siehe
auch Getriebeblatt AWF 610 „Sperrtriebe".

Höhere Maschinenbauschule Leipzig

Bild 141

Agfa=Platte   phot. Th. Brandt

Modell E 55

Schaltwerk aus Daumengesperren.

Umwandlung von Hin- und Hergang in absatzweise fortschreitende Drehung. Siehe auch Getriebeblatt „Schaltwerke aus Laufgesperren" (in Vorbereitung).

Institut für technische Physik, Berlin (Prof. Dr.-Ing. Skutsch)

Bild 142

Agfa=Platte   phot. Th. Brandt

Modell J 69

Samson Kupplung.

Sperrtrieb (Reibungskupplung) zur Verbindung gleich-
achsiger Wellen.

Samson-Werk G.m.b.H., Berlin SW 68

Bild 143

Modell J 56

Fliehkraftscheibe.

Sperrtrieb zur Kupplung von Wellen gleicher Achse von bestimmter Geschwindigkeit an.

A E G, Berlin

Bild 144

Agfa=Platte   phot. Th. Brandt

Modell R 1727

Schaltwerk aus Walzengesperren.

Sogenanntes Freilaufgetriebe, bei dem die Bewegung nur in einer Richtung übertragen wird. Hier Schwungradantrieb der Langen'schen Gasmaschine. Siehe auch Getriebeblatt „Schaltwerke aus Laufgesperren" (in Vorbereitung).

Reuleaux-Sammlung, Technische Hochschule Berlin

Bild 145

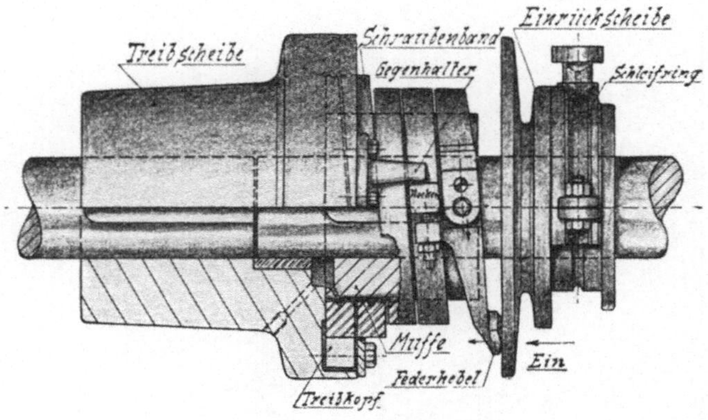

Modell J 77

Schraubenbandkupplung.

Reibungskupplung mit Zugorganen.

Franz Kaminski, Hameln a. d. Weser

Bild 146

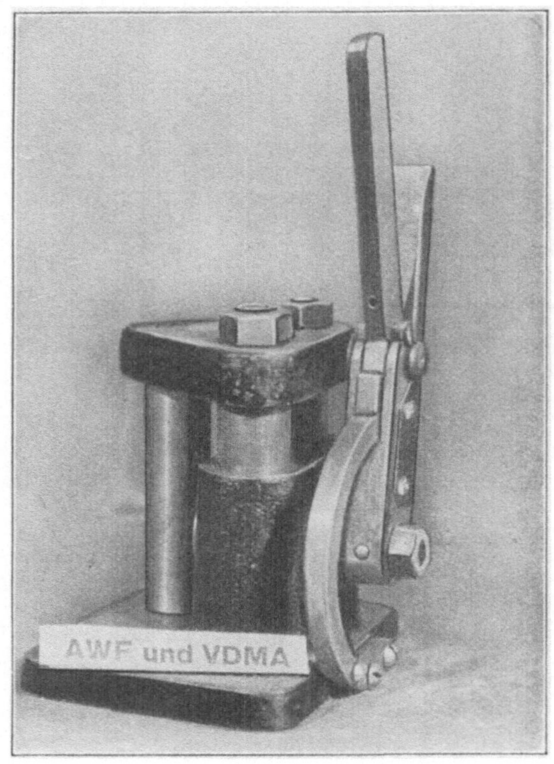

Agfa=Platte   phot. Th. Brandt

Modell J 15

Schnellspannvorrichtung.

Zusammengesetzter Sperrtrieb und Kurbeltrieb zum Festspannen von Werkstücken bei großem Spannbereich.

Dipl. Ing. P. Grodzinski, Berlin W 30

Bild 147

Agfa=Platte   phot. Th. Brandt

Modell J 25

Schaltgetriebe.

Zusammengesetzter Kurbeltrieb zur Erzeugung eines Schaltwinkels von 360 °.

Gebr. Tellschow, Berlin SO 36

Bild 148

Agfa=Platte   phot. Th. Brandt

Modell G 2 a

Gesteuertes Schaltwerk von Hundhausen.

Schaltwerk aus ruhenden Gesperren mit zwangläufig gesteuerten Klinken.

Höhere Maschinenbauschule Leipzig

Bild 149

Agfa-Platte   phot. Th. Brandt

Modell G 3 a

Gesteuertes Schaltwerk von Hundhausen.

Schaltwerk aus ruhenden Reibgesperren mit zwangläufig gesteuerten Klinken. Näheres siehe AWF 610 „Sperrtriebe" und Getriebeblatt „Kurvenschubtriebe" (in Vorbereitung).

Höhere Maschinenbauschule Leipzig

Bild 150

Agfa=Platte   phot. Th. Brandt

Modell R 1830

Schaltwerk für Stanze.

Zusammengesetzter Sperrtrieb und Kurventrieb. Das Werkstück läuft mit gleichförmiger Geschwindigkeit um, während der Werkzeugträger während des Stanzvorganges mitgeht und leer zurückläuft.

Reuleaux-Sammlung, Technische Hochschule Berlin

Bild 151

Agfa=Platte   phot. Th. Brandt

Modell J 50

Globoidschaltwerk.

Aus dem Globoidrollengetriebe (siehe Bild 109) entstanden durch Einfügung eines Raststückes in dem Schneckengang.

Gebr. Tellschow, Berlin SO 36

Bild 152

Agfa=Platte

phot. Th. Brandt

Modell R 1779

Globoidschaltwerk von Hoff.

Schaltwerk aus Globoidschraube und Kurvenschub-
trieben, bei dem die gleichförmige Drehung in eine absatzweise mit langandauerndem Stillstand zwischen den
einzelnen Drehungen umgewandelt wird. Die beiden
äußeren Schubkurven erhalten mit Hilfe von Umlauf-
rädern entgegengesetzten Drehsinn gegenüber der Globoidschraube.

Reuleaux-Sammlung, Technische Hochschule Berlin

Bild 153

Agfa=Platte   phot. Th. Brandt

Modell J 5

Schaltgetriebe an Zigarettenstopfmaschinen.

Verschiedene Getriebe; unter anderem Globoidschaltwerk zur Schaltung der Zigarettentrommel. Jede Umdrehung der Kurvenscheibe schaltet die Gegenscheibe um eine Triebstockteilung weiter.

United Cigarettes Machine Company A.-G., Dresden A 21

Bild 154

Agfa=Platte　　　　　　　　　　　　phot. Th. Brandt

Modell G 28

Mechanische Druckknopfsteuerung.

Schaltwerk mit willkürlich veränderbarem Schaltwinkel. Die Zahl auf dem Druckknopf entspricht der gewünschten Zähnezahl des geschalteten Rades. Rückseite des Modells siehe Bild 156.

Höhere Maschinenbauschule Leipzig

Bild 155

Agfa-Platte   phot. Th. Brandt

Modell G 28

Mechanische Druckknopfsteuerung.

Rückseite des Modells Bild 155.

Höhere Maschinenbauschule Leipzig

Bild 156

Agfa-Platte   phot. Th. Brandt

Modell J 41

Rechenmaschine.

Verschiedene nebeneinandergeschaltete Zehner-Schalt-
werke.

Triumphatorwerk G.m.b.H., Mölkau b. Leipzig

Bild 157

Agfa=Platte   phot. Th. Brandt

Modell K 121

Uhrwerk mit Pendel.

Hemmwerk zur absatzweisen Freigabe von einer Drehbewegung durch Pendelschwingung.

Technische Hochschule Karlsruhe

Bild 158

Agfa=Platte   phot. Th. Brandt

Modell K 122

Uhrwerk mit Unruhe.

Hemmwerk mit gleicher Wirkung wie auf Bild 158.

Technische Hochschule Karlsruhe

Bild 159

Agfa=Platte   phot. Th. Brandt

Modell J 34

Cyklop-Automat (Stahlbandspanner).

Spannwerk mit Schaltantrieb.
Mit Hilfe des Schaltwerkes wird das Stahlband ange-
zogen und gleichzeitig die Rückführungsfeder gespannt.
Näheres über Sperrtriebe siehe Getriebeblatt AWF 610
„Sperrtriebe" und die noch folgenden aus diesem Gebiet.

Cyklop G.m.b.H., Köln

Bild **160**

Schraubentriebe.

Schraubentriebe haben im allgemeinen die Aufgabe, eine Drehung in fortschreitende Bewegung umzuwandeln, zuweilen auch umgekehrt. Beispiele: Drehbanksupport, Drillbohrer. Bei genügend kleiner Steigung der Schraube finden sie auch zum Festspannen Anwendung. Näheres hierüber ist im Getriebeblatt AWF 608 „Schraubengetriebe" enthalten.

Weitere Schraubentriebe sind bei den Rädertrieben (Umlaufräder) eingereiht.

Agfa=Platte   phot. Th. Brandt

Modell R 1313

Doppelschraube von Napier.

Gegenläufiger Schraubentrieb zur Umwandlung einer Drehung in Hin- und Hergang mit gleichförmiger Geschwindigkeit. Näheres siehe Getriebeblatt AWF 608 „Schraubengetriebe".

Reuleaux-Sammlung, Technische Hochschule Berlin

Bild 161

Flüssigkeitsgetriebe.

Unter Flüssigkeitsgetrieben versteht man alle diejenigen Getriebe, die ein nur druckfestes Element, im allgemeinen also eine Flüssigkeit zur Bewegungsübertragung benutzen.

Agfa=Platte   phot. Th. Brandt

Modell R 615

Kurbelkapselpumpe von Pattison.

Umlaufende Geradschubkurbel als Pumpe ausgebildet. Näheres siehe Getriebeblatt AWF 612 „Geradschubkurbel".

Reuleaux-Sammlung, Technische Hochschule Berlin

Bild 162

Agfa=Platte   phot. Th. Brandt

Modell E 45

Kapselpumpe von Beale.

Umlaufende Kurbelschleife als Kapselpumpe. Näheres siehe Getriebeblatt „Flüssigkeitsgetriebe" (in Vorbereitung).

Institut für technische Physik, Berlin (Prof. Dr.-Ing. Skutsch)

Bild 163

Agfa=Platte   phot. Th. Brandt

Modell R 618

Kurbelkapselpumpe.

Schwingende Kurbelschleife als Pumpe ausgebildet. Im
Gebläse von Wedding angewendet. Siehe auch Getriebeblatt „Schwingende Kurbelschleife" (in Vorbereitung).

Reuleaux-Sammlung, Technische Hochschule Berlin

Bild 164

Agfa=Platte   phot. Th. Brandt

Modell J 48

Sturmgetriebe.

Flüssigkeitsgetriebe zur stufenlosen Geschwindigkeits-
regelung gleichförmiger Drehbewegung; Wechsel der
Drehrichtung möglich (vergl. Bild 166). Siehe auch Getriebeblatt „Flüssigkeitsgetriebe" (in Vorbereitung).

A. Roller, Waiblingen

Bild 165

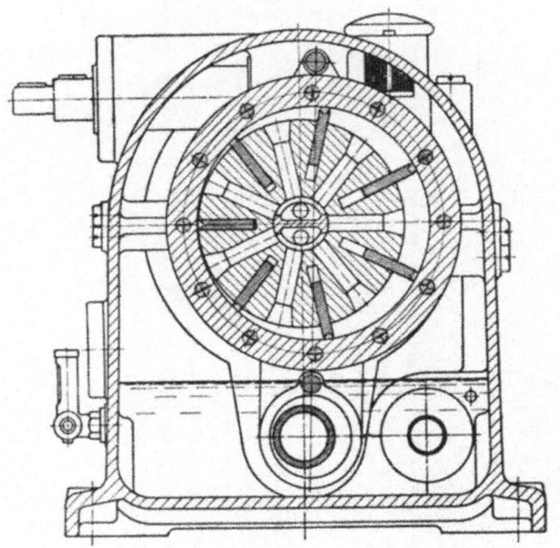

Modell J 48

Sturmgetriebe.

Schnitt durch das Flüssigkeitsgetriebe Bild 165. Anwendung der umlaufenden Kurbelschleife als Kapselpumpe (vergl. Bild 163).

A. Roller, Waiblingen

Bild **166**

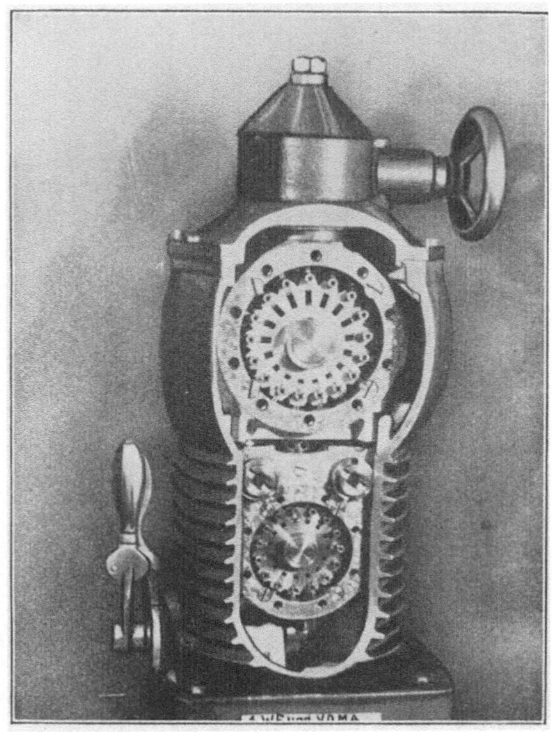

Agfa=Platte

phot. Th. Brandt

Modell J 4

Enortrieb DRP.

Flüssigkeitsgetriebe zur stufenlosen Geschwindigkeits-regelung gleichförmiger Drehbewegung; umlaufende Kur-belschleife als Kapselpumpe. Näheres siehe Getriebe-blatt „Flüssigkeitsgetriebe" (in Vorbereitung).

Fortuna-Werke A. G., Stuttgart

Bild **167**

Agfa=Platte   phot. Th. Brandt

Modell J 3

Lauf Thoma-Getriebe.

Flüssigkeitsgetriebe zur stufenlosen Geschwindigkeits-
regelung gleichförmiger Drehbewegung. Das Modell stellt
lediglich den Primärteil, der als Pumpe wirkt, dar. Entstanden aus der umlaufenden Kurbelschleife. Siehe auch
Cetriebeblatt „Flüssigkeitsgetriebe" (in Vorbereitung).

Magdeburger Werkzeugmaschinenfabrik A. G.,
*   Magdeburg*

Bild **168**

Agfa=Platte phot. Th. Brandt

Modell R 622

Taumelscheibe als Pumpe nach Reuleaux.

Räumlicher Kurbeltrieb als Kapselwerk ausgebildet.

Reuleaux-Sammlung, Technische Hochschule Berlin

Bild 169

Agfa=Platte   phot. Th. Brandt

Modell J 7

Schwartzkopff Huwiler-Getriebe.

Flüssigkeitsgetriebe zur stufenlosen Geschwindigkeits-regelung gleichförmiger Drehbewegung. Führung der Schaufeln durch Kurven im Gehäuse. Näheres siehe Getriebeblatt „Flüssigkeitsgetriebe" (in Vorbereitung).

Berliner Maschinenbau A. G. vorm. Schwartzkopff, Berlin, N 4

Bild 170

Agfa=Platte   phot. Th. Brandt

Modell R 608

Räderkapselpumpe von Repsold.

Rädertrieb als Pumpe ausgebildet.

Reuleaux-Sammlung, Technische Hochschule Berlin

Bild 171

Agfa=Platte   phot. Th. Brandt

Modell R 609

Räderkapselwerk von Dart und Behrens.

Rädertrieb als Pumpe ausgebildet.

Reuleaux-Sammlung, Technische Hochschule Berlin

Bild 172

Agfa=Platte   phot. Th. Brandt

Modell J 63

Pfeilradpressluftmotor.

Räderkapselwerk zur Erzeugung einer Drehbewegung bei Entspannung von Preßluft. Die Preßluft wird zwischen die im Bilde sichtbaren Pfeilräder und das Gehäuse geblasen. Die entstehende Drehung der beiden Radachsen wird mit Hilfe eines Vorgeleges auf eine Welle übertragen.

Maschinenfabrik Westfalia, Gelsenkirchen

Bild 173

Anhang.

AWF und VDMA
Getriebeblätter

AWF und VDMA Getriebeblätter.

Ein großer Teil der ausgestellten Getriebe ist in den bereits erschienenen AWF und VDMA Getriebeblättern enthalten; diese Sammlung wird fortgesetzt, so daß späterhin alle ausgestellten und später noch bekanntwerdenden Getriebe darin enthalten sein werden. Die Getriebeblätter erscheinen in Karteiform und können daher laufend bezogen werden; sie bieten jetzt schon die Möglichkeit, die auf der Getriebemodellschau erhaltenen Anregungen weiter zu verfolgen.

Zweck der Getriebeblätter.

Die Getriebeblätter behandeln auf losen Blättern je eine Gruppe von Getrieben so weit, wie dies zum unmittelbaren praktischen Gebrauch im Konstruktionsbüro oder Vorrichtungsbau notwendig ist. Hierbei ist es oft nicht möglich, Getriebe einander ähnlicher Art nach lediglich wissenschaftlichen Gesichtspunkten auf einem Blatt zu vereinen, sondern es werden auch in ihrer Nutzanwendung ähnliche Getriebe auf einem Blatt nebeneinander dargestellt werden. Die Theorie der betreffenden Getriebe wird auf den Tafeln nur soweit behandelt, wie das zu ihrer praktischen Anwendung unbedingt notwendig ist. Für diejenigen Bezieher der Getriebedarstellungen, die tiefer in das Verständnis der Getriebe eindringen wollen, sind auf jedem Blatt Hinweise auf die vorhandene Literatur enthalten.

Der „Ausschuß für Getriebedarstellungen" beim AWF als fachlicher Bearbeiter dieser Getriebeblätter will nicht ein erschöpfendes Werk der Kinematik schaffen, sondern nur das Wichtigste herausgreifen, so knapp wie irgend möglich behandeln und es auch für das Verständnis derjenigen Techniker anschaulich genug gestalten, die wissenschaftliche, mathematische Ausbildung nicht besitzen. Man wird sich demgemäß mitunter darauf beschränken müssen, Bewegungsgesetze zu zeigen, ohne sie in den Blättern näher zu begründen.

In den bildlichen Darstellungen wird unter Verzicht auf konstruktive Erfordernisse oder Zweckmäßigkeiten der Einzelheiten (Verbindungen, Passungen, Lagerungen, Befestigungen usw.) lediglich das für das Wesen der Getriebe selber Wichtige — vielfach also nur in einfachen Strichen — abgebildet werden. Um das Verständnis hinsichtlich der Anwendung der Getriebe zu erleichtern, werden an möglichst vielen Stellen praktiche Anwendungsbeispiele gebracht, die zwar nicht erschöpfend sein werden, mit denen aber doch versucht werden wird, den Nachweis der vielfachen Verwendbarkeit der Getriebe zu erbringen.

Uebersicht.

Im Hinblick auf den praktischen Zweck der Getriebeblätter, bei der Lösung auftretender Aufgaben in erster Linie zu Rate gezogen zu werden, erscheinen außer den Getriebeblättern noch besondere Uebersichtsblätter, die eine Gliederung nach praktischen Gesichtspunkten enthalten werden. Ein Auszug dieser Uebersichtsblätter, soweit er für jedes einzelne Getriebe in Frage kommt, ist außerdem noch auf jedem der Blätter enthalten, und zwar vorwiegend deshalb, um mit einem Blick dem Suchenden zu zeigen, welche der Bilder im Getriebeblatt für die gestellte Aufgabe in Frage kommen.

Erscheinungsweise und Vertrieb.

Die Blätter erscheinen in zwangloser Folge auf gutem Karton im Normformat A 4 — doppelseitig bedruckt — und zwar getrennt in Bild- und Textteil, so daß sowohl die Einheftung in Sammelmappen als auch die Abstellung in Karteien möglich ist. Jedes Blatt (und zwar Textteil und Bildteil zusammen) ist einzeln zu beziehen. Der Preis eines Einzelblattes im Normformat A 4 beträgt 0,30 RM. Vormerkungen für den regelmäßigen Bezug der Getriebeblätter werden von den unten angegebenen Stellen entgegengenommen. Der allgemeine Vertrieb erfolgt durch den Beuth-Verlag, Berlin S 14, Dresdener Straße 97, der auch alle anderen Arbeitsergebnisse des AWF verteilt.

Mitglieder des Vereins deutscher Maschinenbauanstalten, Charlottenburg 2, Hardenbergstraße 3, können die Blätter unmittelbar vom Verein beziehen.

Bisher sind erschienen:

Bestell-Nr.: AWF 601 Kardankreispaar
Bestell-Nr.: AWF 602 Bogenschubkurbel
Bestell-Nr.: AWF 603 Geschwindigkeiten und Beschleunigungen der Bogenschubkurbel
Bestell-Nr.: AWF 604 Konstruktionen von Bogenschubkurbeln
Bestell-Nr.: AWF 605 Umlaufräder
Bestell-Nr.: AWF 606 Rückkehrende Umlaufräder
Bestell-Nr.: AWF 607 Kegelräder-Umlauftriebe
Bestell-Nr.: AWF 608 Schraubentriebe
Bestell-Nr.: AWF 609 Parallelkurbeltriebe
Bestell-Nr.: AWF 610 Gesperre und Sperrtriebe
Bestell-Nr.: AWF 611 Keiltriebe
Bestell-Nr.: AWF 612 Geradschubkurbel.